商业竞争环境下的安全管理

Safety Management in a Competitive
Business Environment

[斯洛伐克] Juraj Sinay 著

天津开发区(南港工业区)管委会 译

中国石化出版社

著作权合同登记 图字: 01-2015-5731

Safety Management in a Competitive Business Environment /1 edition (March 24, 2014) / Juraj Sinay.

图书在版编目(CIP)数据

商业竞争环境下的安全管理 / (斯洛伐克) 西奈 (Sinay J.) 著; 天津开发区(南港工业区)管委会译.

—北京: 中国石化出版社, 2016.1
ISBN 978-7-5114-3812-6

Ⅰ.①商… Ⅱ.①西… ②天… Ⅲ.①工业安全—安全管理
Ⅳ.①X931

中国版本图书馆CIP数据核字(2016)第010111号

中国石化出版社出版发行

地址: 北京市东城区安定门外大街58号
邮编: 100011   电话: (010)84271850
读者服务部电话: (010)84289974
http://www.sinopec-press.com
E-mail:press@sinopec.com
北京富泰印刷有限责任公司印刷
全国各地新华书店经销
*
710×1000毫米16开本10印张172千字
2016年2月第1版   2016年2月第1次印刷
定价: 40.00元

译者序

目前，在我们国家，作为区域经济发展新焦点的工业园区，如雨后春笋般在全国各地兴建起来。今后我国工业园区建设还将继续呈现良好的发展势头。由于起步较晚，我国在工业园区的建设和管理方面经验不足。以美国为代表的发达国家在这方面已积累十分丰富的经验和教训，他山之石可以攻玉，这些对于我国正处于高速发展中的化工园区建设和管理，具有重要的借鉴作用。

翻译出版译著《区域经济发展与环境：寻找共同点》、《商业竞争环境下的安全管理》、《石油和化工企业危险区域分类：降低风险指南》，正是为了给我国的化工园区提供先进的管理理念、管理经验和管理方法，通过学习和借鉴这些方法和经验，提高我们的认识，优化我们的管理水平，把我们的化工园区建设成加工体系匹配、产业联系紧密、原料直供、物流成熟完善、公用工程专用、管控可靠、安全环境污染统一治理、管理统一规范、资源高效利用的产业聚集地。

《区域经济发展与环境：寻找共同点》一书针对化工园区管理所面临的经济发展与环境保护这两个重要领域协调发展的问题，提出了化工园区及石化行业关于"责任关怀"新发展理念的行业自律行动，旨在协调化工园区所在地的经济发展与环境保护，将复杂的环境和经济理念融入轻松适用的实践之中，加速实现经济发展与环境可持续发展的协调共赢。

《商业竞争环境下的安全管理》一书提出了包括中国在内的世界各国石化行业所面临的新挑战——建设适应21世纪新环境下的安全管理体系，诠释了包括石化工业在内的工业生产领域安全文化的内涵，着重探讨了风险管理的预防措施，强调了通过培训教育掌握风险管理技巧的重要性。

《石油和化工企业危险区域分类：降低风险指南》一书指出，对化工园区内的危险区域进行有效分类和识别，并在此基础上建立一套完善有效的消防安全体系，是化工园区实现可持续发展的重要保障，详细介绍了各种危险源辨识系统、救火规则和方法，以及工厂装置安全间距设计方法等。本书提供了大量案例，具有很强的实践性和可操作性，对于我国化工园区安全规划和安全管理的实施具有很强的借鉴和参考价值。

　　参与书稿翻译、审阅工作的还有王喜明、李捷、马爱华、张英、牛建岭等同志，中国石化出版社对三本著作的出版给予了大力支持，在此一并致谢。

　　鉴于水平有限，书中难免存在谬误和不足，敬请读者批评指正。

2015年10月

前　言

人民的安全高于一切法律。

——[古罗马]西塞罗

安全的生命不仅仅是单方面的事。人们总是在完成一些事情后，才会认为工作场所、环境是安全的，不会感受到事故、伤害的威胁，所从事的工作不会威胁或严重影响自身的健康。实现了安全的工作场所或个人的生命安全，意味着掌握了安全文化的基本原则，并将它们贯彻到人的所有行为中。在经济发达国家，职业安全卫生已经被纳入基本法。

世上没有绝对的安全，因此，零风险也不存在。面对生命的辩证态度平衡着人与环境之间的相互关系。而关系的强弱作为安全文化的组成部分，直接依赖于社会经济、伦理和道德发展水平是否成熟完善。

主观上看，可以用经济手段确定人的生命价值，例如，保险公司以金钱计算人的价值。然而，大部分从事职业安全卫生、机械设备安全、技术单元安全以及民事安全工作的专家和学者认为，人的生命只能近似客观评价。我赞同每个人的生命具有相同的价值。在任何社会，创造条件保护从事各种活动的人都很重要。健康保护是一个多参数系统，人必须是系统中的主动要素，能够预防不利因素出现在人的生命环境中。这意味着人们必须相信，生活中遇到的各种危险都会被消除或降至最低。

实现生命安全的各种要素不会自动产生，但是可以通过教育和培训继承和巩固。培养安全行动的意识非常重要，可以从幼儿园开始，首先面向儿童，让这一代年轻人在中小学就接受环境安全习惯的实践课程；在大学前三年安排这样的实践课程也是有效措施。目前的学术讨论主要集中在安排专门的讲座和研讨会，探讨工程、科学、社科方面中的安全和风险问题。可在各工程大学通过专业研究项目培养高级安全与风险管理专家，并对生命安全问题采用多学科方法。科希策工业大学机械工程学院建立工业系统安全研究项目的过程即是如此。我不相信巧合，但是"巧合"的事情出现了，我只能严谨地认为"可能是它想成为这样！"

1977年，Ing. Norbert Szuttor教授还是一名理学博士，那时他自己都未意识到需要解决设备的安全问题。当我完成运输机械工程领域的研究课题后，他收我为当时运输机械工程系的实习生。他给了我一个课题建议，内容涉及解决起重机械和塔吊运行时的安全问题，因为这些设备作业时有可能失去平衡，容易发生安全事故。为避免发生这种情况，必须在起重设备上安装载荷限制器，目的是"确保"起重设备的稳定状态，即防止运行时跌落，而且不会影响到运行人员。然而，那时全世界的每一位生产者都错误地认为起重过程是静态的，这也是使用载荷限制器的基本原则。与升降载荷的动态特征不同，塔吊的各种操作运动是很危险的。当时，专业人员或公众并未意识到这些潜在的风险，当设备运行时，风险最大。制造电子载荷限制器是我在论文"动力与重量对升降设备保护装置的影响"中的研究成果，这篇论文在1978年顺利通过答辩。载荷限制器能确定塔吊的实际运行状况，并可靠地保护它在运行过程中不失去平衡，这意味着将脱落风险降至最低，并且对操作人员或第三方不构成威胁。由于其独创性，已经在三个国家申请了专利，得到了德国、法国和荷兰等西欧国家专家的高度重视。

在对技术设备进行改进时，虽然当时尚未充分认识到安全问题，但实际上已经开始研究工作场所的安全问题及复杂的技术设备风险管理方法。

1980年，伍珀塔尔和科希策两个城市达成合作协议，这是安全科学发展以及安全技术研究领域的又一个里程碑事件，结果使德国伯格大学(Berg)和当时名为科希策工学院之间在1982年形成合作关系。那时，伍珀塔尔伯格大学是唯一一所拥有独立安全科技学院、致力于研究技术系统安全等职业安全问题的高等教育机构。1987年，两所大学相关院系在科希策工业大学举办技术研讨会，来自伍珀塔尔的Ing. Helmut Strnad博士是受邀人之一，他是机械设备安全制造领域的教授。他那时在寻找合作对象，认为机械工程学院运输工程系是最适合该领域科学研究的工作场所。与Strnad教授讨论时，我用上了我的德语知识，我们逐渐认识到，我们实际上在做类似的科技工作和专业工作。虽然彼此都非常了解，但是我们非常谨慎地共同开展工作，因此在合作的早期阶段不够深入。

感谢伍珀塔尔的朋友们对我之前科技工作和专业工作的支持，其中要特别感谢伍珀塔尔新闻和信息办公室主任Ernst Adreas Ziegler。1988年，Fridrich Ebert基金会提供给我两年奖学金，资助我在伍珀塔尔伯格大学安全工程学院完成了入职博士论文。录取我的正是该学院的创建人、也是该学院的第一任院长Ing. Peter Compes教授，他为我所从事的研究工作创造了条件，也使我确定了未来的科研方向。当我在思考最终从事的项目课题时，我与他进行了深入的讨论。我努力研究新的起重机械设计方法，使其运行时风险降至最低。虽然我意识到这项课题比较艰难，但是仍开始了课题研究。风险及其管理体系的目的是风险最小化以及之后的职业安全卫生，这成为我日常研究不可分割的一部分。虽然我离家较远(距离伍珀塔尔有1486千米)，但是我身边有顶级的安全技术领域专家，这为我提供了独特的、有创造性的工作环境。

1990年，经过伍珀塔尔伯格大学安全工程学院三年紧张的工作以后，我成功完成了博士论文答辩，答辩论文题目为《起重机械等运输设备风险因子的定量及定性报告》，德国VDI杜塞尔多夫出版公司于1990年底出版了这份报告。

我回到新命名的科希策工业大学(TUKE)机械工程学院运输及控制技术系后，很快开始了以技术设备安全为中心的运输设备研究项目。1992年第一批学生入学，5年后毕业，成为这一专业研究领域的应届毕业生。2002年，在斯洛伐克共和国的科希策工业大学机械工程学院成立了独立的质量与安全系。和我一样，安全也成为原运输及控制技术系同事们职业生活的构成部分，我使他们相信在任何制造和生产活动中安全都最优先后，他们也成为该系的一员。虽然我未提及他们的姓名，但是我仍然感谢他们成为我有幸领导并塑造的科研团队的成员。

目前，不仅在斯洛伐克共和国，而且在整个欧洲，质量与安全系已是发展成熟的科研环境和科研体系。研究工作的成果、应用研究领域的实践以及终身科技学习项目实践的成果证明，我们应该首先关注职业安全卫生管理人员的需求。与其他学术机构以及现场人员相互合作为成功实现安全过程创造了条件。我们在该领域展开了充分的合作，尤其是与德国、美国和捷克共和国等国的合作。在繁荣和创新的环境下，我们应邀发布了多项成果，并受邀参加了一些知名的学术与专业活动。活动中安排的讲演总会发布一些新研究成果和信息，或者发布安全文化中有效风险管理的特殊方法和方法论，这正是现代化的、经济发展成熟社会的必要组成部分。

本书总结了我25年来的演讲和咨询工作，其中有些是独立完成的，有些是合著完成的，合著的同行大部分是我指导的优秀博士生。本书主要目的是向读者全面系统地介绍职业安全卫生管理、机械设备安全及其他复杂技术领域的内容，另外还介绍了当前越来越热门的国家安全文化层面的民事安全领域内容。所有研究内容都出自我的论文，包括题为"运输设备技术风险识别、管理和预测"的博士论文，还包括1997年科希策OTA公司出版的第一部关于风险理论专著——《工业设备风险：风险管理》。

在此感谢每一个支持我的人，你们使我努力将复杂的安全领域创建成一门科学研究领域；感谢和我一起工作过的人以及科希策工业大学机械工程学院质量和安全系的所有同事，他们在我身边建立了科技学院，并得到了国内外同行的认可；感谢合作机构和其他大学院系的所有朋友给予的创造性合作与友谊。在我的职业生涯中，国外的支持者也给了我巨大的鼓励，向他们表示由衷的感谢。

感谢我的家庭、我的妻子和女儿，没有她们的支持，我无法投入大量的时间从事科学研究工作，在此向她们致以特别的感谢！

Juraj Sinay
科希策工业大学

原著序

感知风险的能力是生命的基本属性。世界上不存在绝对的安全,因此,风险也不可能为零,任何时间和地点都可能面临危险或威胁,需时刻做好面对风险的准备。

安全评估标准是用近似方法量化风险,这是过程风险管理最重要的部分之一。过程风险管理是指管理过程中的所有活动,以将不利影响降至最低。

安全文化是在安全管理阶段系统性实施的有利于环境安全的所有措施和活动。"安全"一词应理解为一体化安全,包括人-机-环境体系的职业安全、技术体系安全和更广义的民事安全。人们开始认识到生命及其质量是他们拥有的最有价值的东西,这是理解生命文化、安全文化的出发点,也是在工作与生活中应用安全文化的出发点。

发展新技术新材料、劳动力老龄化和劳动力市场全球化带来了新的环境风险,但这是人类活动的组成部分,在安全文化日益重要的今天,必须了解这种实际情况,将新风险的影响降至最低。由于信息和通讯技术越来越发达,新风险只是拓宽了专家的研究领域以及进行风险管理的领域,因此可以认为,人是人-机-环境系统中的"最弱环节"。有时事故或故障看上去像技术故障,但是详细检查后发现,往往是人的问题。只有类似地震和气候条件这样的自然灾害产生的危险属于例外,而当代科学研究认为,人也要对这些气候变化承担一部分责任。

理解安全文化中风险管理的各种关系需要积极利用科研项目的成果,并将它们应用在各个层面的教育过程中。来自各个研究领域(主要是工程、自然和社会科学领域)、拥有不同指导水平的学术专家将风险管理融入到他们的研究之中。

从社会地位看，职业安全、技术系统安全以及民事安全都是欧洲法规的组成部分。这些法规标准首先要转化成各成员国的国家法规指令，其次要遵守这些法律，并充分理解它们，接受它们的思想并贯穿于实践活动之中，才能有效实施管理活动。

劳动力市场的全球化和生产技术的国际化，其先决条件是拥有统一的安全法规。事故、伤害和故障没有地域和国界之分，因此，法规的协调主要针对不同员工个体，而非针对企业。有些国家需要从事商业活动的资格和能力认证，而在所有国家，工程项目都要求使用相同的运行程序保证其运行安全，因此，从事这些活动的员工培训体系也要符合这种要求；在现实当中，不同地点所应用的技术规程是不变的。

可以使用质量管理体系(QMS)和环境管理体系(EMS)区别风险管理体系(RMS)。基本原则是著名的Deming定律的持续改进原则以及国际标准化组织(ISO)发布标准中体现的原则。职业安全卫生评估服务标准(QHSAS 18001)是使用最多的安全管理标准，它的制定原则与质量管理体系ISO 9001标准以及环境管理体系ISO 14001标准相同。国际劳工组织有自己的职业安全卫生管理体系，与OHSAS 18001体系并无实质性差别。

所谓的一体化安全理念，既包含了人员保护，也包含了设备安全。安全和保护是构成一体化安全体系的重要因素，这种体系即人-机-环境体系。同样，负面事件也总是与伤害相联系，经验证明，同时强调安全和保护，可避免危险情况发生。消防人员的工作和核能发电厂的安全既涉及安全又涉及保护，它们的目标相同，即将损害降至最低。两个案例都要遵守的事实是：在目标物、设备、辅助技术的开发阶段，或者在设计合适的逻辑系统时，应该使用效率最高的风险最小化法规。虽然其他干预措施也会有效果，甚至会避免损害，但费用会较高。

综合应用一体化安全领域管理系统表明，在任何社会或商业活动领域，技能、知识和经验是成功应用风险管理体系、形成安全文化的前提条件。

本书介绍了特殊领域的有效风险管理和一体化安全体系的内容，这是作者长达15年以上的科研成果以及与学院同事(大部分是指导过的博士生)共同完成的工作成果。本书部分内容来自解决方案研究项目VEGA 1/017/12，并探讨了技术系统风险管理过程到接口安全——技术系统安全、职业安全保护、民事保护以及项目APW-o337-11。研究表明，新工艺技术的风险不超出一体化保护范围，是可持续发展和管理的前提条件。

作者简介

Juraj Sinay先生是科希策工业大学机械工程学院质量与安全系主任，兼任负责对外联络和宣传的副校长。

1995年，他获得科学博士学位，博士学位论文题目为"运输设备技术风险识别、管理和预测"。1990年，他在德国伍珀塔尔伯格大学成功通过入职博士论文"起重机械等运输设备风险因子的定量及定性报告"的答辩，这篇论文属于运输与控制科学领域，在弗里德里希·艾伯特(Friedrich Ebert)基金会的长期奖学金项目支持下，作者调查并撰写了这篇论文。

1991年，他晋升为教授。2000年，他被提名为科希策工业大学校长，2002~2006年，他担任斯洛伐克校长联合会主席。2003~2004年，他担任斯洛伐克共和国总统办公室科学与研究顾问。2004年，因在发展与德国联邦共和国的关系上所作的贡献，被授予德国联邦共和国总统一等十字勋章。2006年12月，他被提名为工程科学与技术领域负责科研的政府委员会终身专家。2006~2008年，他是欧洲大学协会对斯洛伐克大学进行机构评估的项目带头人。2008~2010年，他成为斯洛伐克国家副总统和教育部长的科学与研究顾问。2000年之前，他还担任匈牙利米什科尔茨科技大学以及斯洛文尼亚卢布尔雅那大学的客座教授。目前，他担任伍珀塔尔大学和德国维斯玛应用科学大学的客座教授，参加了Erasmu项目。2007年，他成为位于萨尔茨堡的欧洲科学和艺术学会会员。

在科学研究领域，Sinay博士一直致力于研究作为技术风险源的机械动力学、技术系统风险管理体系优化以及职业安全卫生、一体化系统的控制问题、安全与保护问题，还研究以大学教育为主的质量过程评估。他已经指导了13名博士生，有2名已经成为安全方面的教授，一名晋升为工业系统安全方面的高级讲师。他还是德国伍珀塔尔伯格大学、匈牙利米什科尔茨大学、乌克兰乌日哥罗德大学和捷克共和国斯特拉瓦科技大学矿业学院的荣誉博士。

目前，Sinay教授还是斯洛伐克共和国工业诊断师协会的主席、德国曼海姆机械与系统安全国际社会保护协会(IVSS)的专家组成员、德国伍珀塔尔安全科学VDI协会会员、德国汉诺威欧洲德语国家交通工程教授联协会会员。他还是《Safe Work》编委会的成员、美国纽约Wiley出版社出版的《Human Factors and Ergonomics in Manufacturing》(生产中的人为因素和人体工程学)(ISSN 1520-6564)编委会的成员，斯洛伐克兹沃伦科技大学木材加工学院学术期刊DELTA(ISSN 1337-0863)编委会的成员。

在将近30年的科研工作中，他以作者和共同作者的身份共出版了10本书(5本在斯洛伐克共和国出版，5本在国外出版)；在美国CRC出版社出版的百科全书中，他编写了两个章节内容；在海外学术期刊上，他发表了23篇文章；在斯洛伐克共和国，他发表了19篇文章。他积极参加过73次国际会议，还是47场报告和刊物的作者和共同作者，其内容主要涉及欧洲高等教育科学与教育活动质量、欧洲科学控制与工程以及技术转让领域等。

Sinay博士还是VEGA应用科学与研究科技处的6个科技项目主要调查员、欧盟TEMPUS项目的主要调查员以及4个科研部门运行项目的项目经理和调查员，还是25个工业实践项目的带头人以及3项专利的共同专利权人。

目　录

第1章 安全文化：现代社会发展的前提条件

英文Culture(文化)一词来自拉丁文，它是人类全部物质和精神活动的结果。因此，提到文化安全，是指在人–机–环境体系中，为创建安全的工作和生命环境而进行的所有人类活动的总称(图1.1)。实施安全文化的前提条件是能形成一种环境，使安全和健康保护成为各个商业管理层面的员工和雇主的共同任务。接受这一原则就必须认识到，健康保护在任何社会以及任何生活领域都拥有最高优先级别这一事实。

图1.1 人–机器–环境体系

社会安全文化也包括工业设备安全，这一领域最近也取得了很大成果。不可能将工作场所的安全与技术设备的安全相分离。这两个领域都在同一地点管理，并且与协同实施的环境保护管理一起为企业做出明显的经济贡献。安全是首选目标，或者称之为安全第一。

安全被定义为目标物的特征，例如一台设备、一项技术，或者是对人或环境不构成威胁的活动。评价目标物完全安全的分析过程，考虑的是技术系统安全内容以及职业安全卫生，这样定义就能清晰地设计出职业安全管理领域的目标和任务，其中包括实施相关的以及确定威胁范围的全部活动。在评价一项不利事件的威胁范围时，必须说明其发生的可能性，同时评价因不利事件的影响而可能产生的影响范围，即风险评估。然后必须评估风险的范围是否可接受。如果风险超出可接受的范围，则必须采取措施降低风险或者完全消除风险。所有的这些活动都应纳入职业安全管理系统，作为风险控制和风险管理的附属系统。职业安全卫生领域的发展历程见图1.2，从图中可以清晰看出，职业安全已经逐步成为公司所有战略活动不可分割的组成部分。

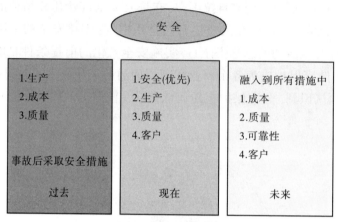

图1.2 安全发展历程

新技术与设备设计复杂程度高，并且越来越复杂。此外，还应考虑它们对环境的影响、人体工程学要求以及消除人为因素造成故障的技术方案等问题。作为社会快速进步的组成部分，技术发展趋势不仅仅需要使用新的管理体系，使传统工程制造与信息技术实现功能互联，以及使用新设备和新材料(尤其是纳米材料)，而且需要重视环境的技术成果。在新型设备、新方法开发和设计阶段，经常会在运行过程中出现造成损害的情况，也就是说存在风险，这是由于缺少实际运行环境的信息，或者没有详细进行风险分析。在设备的设计和生产阶段，任何活动的安全目标都必须是在工作场所得到安全的设备、安全的控制系统与技术以及安全的工作程序。这些实际情况迫使新设备的生产商进行详细的风险分析，也成为欧盟及其成员国的法规要求。

任何设备都有对操作人员或第三方构成威胁的可能性。因此，必须使用风险评估方法分析人-机之间的各种分界面。识别、量化、风险评估以及选择风险最小化的方法排除了人为因素，使用现代化的信息技术方法替代后，科学研究只能确认可能出现的结果。至于人为因素，人是不能在短时间内处理复杂的工程系统或结构复杂的现代化设备中的大量信息的。

逻辑系统中数学流的基本任务是在明确定义的空间进行材料管理，而管理的路径和工具可以任意组合。用尽可能短的时间、尽可能低的成本将产品或者资源安全交付到正确地点，必须体现最终安全准则。材料流中出现的风险或潜在威胁是不同参数的函数，而决定性因素是人的安全。

技术与材料管理的发展趋势希望应用新技术、配置高性能控制系统的新设备以及新材料。使用它们的决定因素之一是人-机-环境体系中的安全，这就需要在开发阶段以及后面的设计工作阶段为新设备和新技术建立安全的运行环境。这些方法程序并不只由开发人员或建造人员进行评估，同时还要经过欧洲法规的评估。这也是各国优先考虑职业安全卫生和工程系统安全的结果，表达了全球各国的社会进步，而各个社会组织对适宜的工作环境的关注是决定性准则。

考虑到系统与设备的复杂程度越来越高，对技术的安全性要求也不断增加。因此，鉴于人为因素的影响，必须对安全性进行连续评估。此外，人为因素不仅意味着一台设备的操作，而且包括可能位于设备操作区域的第三方，或者偶然处于设备发生意外情况范围内的第三方。很显然，风险管理工作者需要了解技术、工作组织和人为因素之间错综复杂的关系，甚至可通过职业伤害和疾病带来的死亡数字确认这些关系。根据国际劳工组织的数据，2007年，因职业伤害和疾病导致的死亡数字攀升到230万，带来的经济后果是全球国民生产总值(GDP)降低4%。

设备安全是在人-机-环境体系中从事技术规程范围内的安全活动的前提条件。只有安全有效的设备或复杂的机械系统才可以完成质量循环，最终生产出畅销的高质量产品。对于具体的技术单元来说，如果一台设备或装置出现故障，则安全与质量之间的矛盾就会加大，这就意味着必须消除复杂系统中局部存在的薄弱点，最终提高其可靠性。提高可靠性意味着消除弱点，从而将风险降至最低。

新的风险管理(或职业安全卫生管理)系统要求每个人不论在工作场所还是在日常生活中，都能意识到潜在的风险。企业必须识别工作过程中的所有风险，并采取措施将其消除或降至最低，同时通知员工各种残留风险。

从技术分析的观点看，风险评估证明，职业安全与工业系统安全与价值标准直接相关，也就是与经济分析直接联系在一起。必须遵守以下基本原则：

① 不存在绝对的安全。

② 实现安全不能仅仅按照法规或标准采取措施，还要在高于法律要求的框架下采取措施。

③ 安全意识的界线并不稳定，它会随着社会的技术与文化水平以及对科研成果掌握的程度而改变。

④ 即使经过详细分析并最终通过各种措施，也不能保证不出现任何伤害或

其他各种意外结果；因此，处理故障事故的准备工作也必须是预防措施的一个组成部分。

⑤ 必须告知员工、机械设备的用户以及其他易受各种伤害的人员发生不利事件的可能性。

⑥ 危险的环境必须由造成危险环境的人来处理，即图纸设计者、产品的生产者以及负责安排员工工作的企业。

⑦ 对社会中的任何一个群体来说，必须提供继续教育的场所以及新科研成果在职业安全卫生(OHS)领域应用的环境，这其中不仅包括员工和企业高层管理者，还包括工作流程外的所有人(第三方)。

1.1 职业安全卫生的发展趋势

有效的现代化职业安全卫生管理方法遵守以下前提条件：

① 虽然经济原因不构成唯一原因，但是必须明确说明职业安全卫生对企业成功、对国家经济的贡献以及对社会系统的贡献。职业安全卫生现在是、未来仍将是社会、人和道德方面的重要责任。

② 职业安全卫生不只关注包括新技术在内的工业生产领域，它必须更关注国民经济的各个领域，即更为广泛地付诸应用。它必须找到合适的方法，对那些在不安全领域作业的所有人实施保护。

③ 职业安全卫生管理体系必须更有弹性，不受社会进步的技术–组织以及社会–经济方面的制约。

④ 职业安全卫生需要强有力的辅助措施，如社会保险和意外保险体系的支持，以及企业、协会、专业人士或公司组织的支持。

⑤ 必须逐步提高职业安全卫生措施的实施效率。职业安全卫生必须成为企业不可分割的组成部分，并且成为对企业合作方的一项要求。

⑥ 职业安全卫生专家必须从简单的监督人位置转变为解决问题的专家，或者转变为专业顾问和管理人员。他们必须成为公司不可替代的人群，并成为公司高级管理层的一部分。

⑦ 职业安全卫生领域的法规必须为有效地决策制定和新的解决方案建议留有余地，必须注意系统解决方案，而不是技术细节。

⑧ 职业安全卫生管理体系应将信息技术应用到人所承受的心理、精神和认知领域中。

⑨ 即使环境发生变化，职业安全卫生法规以及职业安全卫生管理法规也必须有效，例如生产及其他活动外包、成立越来越多的中小型公司、建立所谓的虚

拟商业，以及劳动力市场的相关变化(例如劳动力老龄化及其适应性)。

以下的战略问题非常重要：一方面公共机构的私有化程度不断扩大，应该通过什么方式制定职业安全卫生政策？另一方面，重新调整职业安全卫生领域的法律可行吗？在国家和企业之间是否存在新的职责关系？从欧洲范围来看，很显然，职业安全卫生必须随着欧盟和劳动力市场的更广泛全球化趋势而进步。1993年，在印度新德里举行的第13届世界职业安全卫生大会总结并表达了以下观点：

① 预防伤害的效率必须不断深入透彻地融入到企业的管理体系中。

② 职业安全卫生必须真正深入彻底地植入到全世界人民的意识中，不论员工还是高管，儿童还是成人，任何人都必须关心他们的人身安全以及他们居住的环境安全。

15年以后的2008年，在韩国首尔举办的第18届世界职业安全卫生大会，根据形成的所谓"首尔宣言"，仅仅确认了图1.3中的这些前提条件，而为了制定有效的现代化职业安全卫生管理方法，还需要进一步补充以下前提条件：

① 支持高水平职业安全卫生是全社会的责任，各成员必须致力于实现该目标。职业安全卫生(OHS)必须在国家层面上得到最优先的地位，同时必须建立具有永久持续特征的国家职业安全卫生预防文化。

② 关注各个层面安全与健康工作环境，是国家职业安全卫生预防文化的特征。政府、企业和员工将通过制定有效的法规，积极致力于营造安全卫生的工作环境。

③ 利用系统性措施支持职业安全卫生的持续改进，这些措施包括参考1981年国际劳工组织职业安全卫生大会第2部分内容(第155条)的国家政策制定。

图1.3 全球安全卫生大会

对全球著名的职业安全卫生领域专家组进行对比，进一步证实，无论是在企业还是在社会生活的方方面面，任何管理活动中的风险管理和职业安全永远都有很高的相关性和重要性。为了实现这些想法,管理人员必须熟悉职业安全卫生领域的现代化发展趋势,同时通过实例引领他们的管理活动。他们的任务是通过提供信息、沟通、培训和充分管理,影响职业安全卫生的实施规则,他们会熟悉职业安全卫生管理的基本原则,并对其同事的观点持开放态度。人-机-环境系统中的工作场所安全是他们的基本管理活动之一。

2005年,在美国佛罗里达奥兰多举办的第17届世界职业安全卫生大会上(图1.4),飞机机长格雷戈瑞·弗雷德里克(Frederick Gregory)的演讲内容进一步证明企业与员工之间的相互关系,以及有效实施安全管理体系的环境的重要性。他认为,作为一名飞机机长,必须清楚各种与航空飞行有关的安全隐患,必须学会从过去的教训中吸取经验,必须时刻保持风险意识,并实施有效预防。因为不存在绝对的安全,因此制定合理的应对程序才能保证各种技术预防措施的有效实施。

图1.4 大会主题发言人

这就意味着以下内容:

① 识别并定义风险。

② 实施并应用风险最小化方法。

③ 培训残留风险处理人员,目标是教会有关人员遇到较大环境压力时如何正确应对。

该报告的重要内容是指出必须采用标准方法分析,以开放和可追溯的态度讨论实际风险及其发生的原因,从而通过现代化的信息技术工具,尝试模拟导致事故发生的顺序,这样就可以提前在模拟阶段定义所谓的周围遗漏点,并寻找有效的方法中断其发生的因果关系。这是唯一有效制定积极预防措施的方法,也是美国国家宇航局(NASA)的基本建议。格雷戈瑞·弗雷德里克在演讲中归纳了一个安全环境下的员工与企业间的关系,基本观点是员工必须信赖其管理人员,同时他们应在能力范围内采取所有措施开展安全作业。这首先是一个相互信任的问题,他通过飞机机长与其他机组人员的互信合作比较了这一点。宇航局的基本理论也源自这一事实,即正确的人应该处于正确的位置。

现代化的职业安全卫生活动理念来自于一体化商业管理体系的应用,这也体现出市场上最高水平的竞争。职业安全卫生活动不再能够单独实现,只能作为管理活动的组成部分,这当中也包括环境管理体系、质量管理体系,以及因此创造高水平生活环境的各个特征。人–机–环境体系中的职业安全卫生活动还包括涉及提供技术设备安全的活动。这一领域最近也取得了很大成果。工作场所的安全不可能离开技术设备的安全而单独存在(见图1.5),因此,这两个领域在同一地点管理并作为安全文化的一部分。再加上环境保护管理体系和质量管理体系,就可通过协同效应大大增加企业的经济效益。

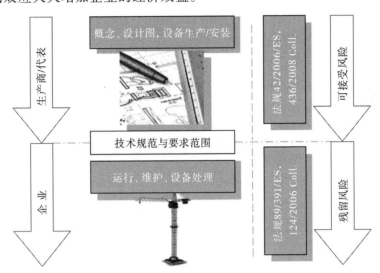

图1.5 技术设备安全与职业安全卫生之间的关系

1.2 沟通方式的重要性

为了实现企业或社会环境下的管理活动,必须建立清晰的语言工具,确保生产环境中的所有员工容易理解。在全球化的今天,这一问题的重要性日益突出,此时不仅仅是人,技术也在从一个地方向另外一个地方移动,一个多语言的环境正在形成。正是在作为安全文化基本原则组成部分的安全领域,不管员工所说的是什么语言,不管他们来自何处,使他们明确了解所有有约束力和非约束力的法规是决定性因素,可以帮助员工明确理解每一个独立的决定性概念。对语言多样性影响结果的分析必须包含以下内容:

① 劳动力市场趋于国际化,危险、伤害与事故与每一名员工的国籍无关。

② 必须明确说明所有风险分析的程序,并为每一名员工所理解。

③ 欧洲法规是通过国家安全卫生保护系统实施的。

④ 生产外包在不断增加。

⑤ 努力在各个国家实施相同特征的安全文化。

口头表述能实现更高情感层面上的情感传递，这是建立理解的前提条件，也是研究人员和专家在其各个专业领域之间、企业各个层面生产过程的员工之间、甚至劳动力市场国际化框架内最重要的沟通工具。

一些法规(图1.6)和各类重要标准的翻译有可能造成在具体国家使用时术语上的不确定，也会造成员工与企业以及工业活动国际化框架内管理机构的解释不一致。因此，在职业安全卫生管理以及技术系统安全中，使用确切的词语非常重要。词语使用不当，在超出工艺过程的极限后，不利事件会以故障、工作过程中断、伤害或者环境损害等形式发生。

图1.6 多语言法规

企业的安全文化特征必须遵循以下原则：

职业安全卫生必须是企业发展战略的组成部分；预防高于一切，并必须纳入到复杂的企业管理活动中；企业的安全卫生责任不得转移，必须是企业高级管理的组成部分；同事的生命与健康高于企业的其他一切决定；职业安全卫生管理系统必须包括对第三方的措施；必须注意将人和物的损害程度降至最低；职业安全卫生必须高于企业内的其他一切活动；每一名员工必须遵守企业的职业安全卫生管理措施法规；建立持续改进职业安全卫生系统及其效率的环境；企业给每一名员工提供终身学习的环境。

企业的管理层对职业安全卫生领域的活动负责，对环境保护、安全运行和维护、生产的产品安全以及按照各类法规提供的服务负责。企业的高级管理人员负责在企业内部创建实施安全文化的环境，同时实施各种活动，这些活动的出发点都是实施职业安全卫生管理体系，从而作为促进企业繁荣发展的工具。职业安全卫生管理体系基本原则已经发展成统一的安全预防理论。它们首先在以下领域得到了应用：设备与产品的设计与生产环节；设计新的技术和工作程序；开发材料流；新材料的开发、生产和销售；技术设备的维护；工作组织与管理系统；伤害与事故预防；环境领域的活动；员工教育、指导与培训。

对设备制造商及其用户造成的危险、威胁和风险进行分析，不限制使用什么方法，由个人自行考虑选择合适的程序和方法。

1.3 商业竞争条件下职业安全卫生管理体系的变化

在建立商业竞争的前提条件方面，与当前的劳动力市场全球化环境要求相比，职业安全卫生管理方法有什么变化？

在过去，职业安全卫生管理被认为是建立满足法规和标准要求的环境的过程。满足安全法规要求被看作是建立了安全工作场所。当前的观念要求评估工作场所的所有风险(与法规要求无关)和各类法规的实施情况。积极应用基本预防原则，这些相当于事前程序，即在事情发生之前的程序。安全被理解为达到若干风险的接受值，或者是企业让员工处理经常影响他们的风险，或者被理解成连续的工作过程。

目前，风险管理作为管理活动之一，处理的是各个方面的风险。风险被认为是潜在的事故，可能影响企业实现其经济目标。风险管理活动的目标是定量和定性地确定这些潜在的事故，并提出能够在一定水平上降低风险，并为参与工作的各方所认可的措施。有效风险管理的基础是发展并制定公司安全制度。这一制度包括企业高级管理在组织领域的目标、任务分配的目标以及企业各个机构实际竞争力的目标。

由企业实施合适的职业安全卫生管理体系具有重要的现实意义，并且通常能为企业的竞争创造条件。建立合理的机制，帮助企业在职业安全卫生领域正确地运转，就有可能实现持久的职业安全。由于建立了受欢迎的工作环境和相互关系，这在更大意义上解决了安全和健康保护相关的问题，具有重要的经济目的，最终带来工作流程的优化，因而产生积极的经济效益，同时降低了成本，提高了生产效率和工作质量，这意味着商业更加繁荣，从而带来整个社会的繁荣。另一方面，它还具有重要的人文方面的贡献，体现了企业、国家以及跨国公司的文化和社会水平。

外资和管理结构的流动积极推动了有效管理体系的更广泛实施。利用管理体系可证明供给–客户关系的可靠性。对于致力于获得各种证书并在商业市场上具有较大优势、发展良好的企业来说，通常都对实施管理体系感兴趣。许多中小型企业是实施职业安全卫生管理体系的重要对象。对它们来说，适合应用简化版的管理体系，只要通过内部或客户审计验证即可。活动重点集中于所谓的"好邻居计划"，其中大企业对所需职业安全卫生环境进行限定和说明，并作为对小企业和转包人的合作条款。这种方式即使在小企业，都有可能提高统一的工作环境和职业安全卫生水平。在全球化市场机制下，中小企业实施职业安全卫生管理体系的未来就在于这种策略。职业安全卫生管理体系的建立必须遵守以下基本原则：

① 职业安全卫生体系的建立必须有利于持续改进管理体系，并创建安全、高效的工作环境。

② 必须注意将人和物的损害降至最低。

③ 向社会各个群体提供持续教育，并将最新的科研成果应用到职业安全卫生领域，受众不仅包括员工和企业，还包括工作流程外的所有人，也包括第三方。

环境风险评估程序与风险管理程序的相似性帮助企业高级管理人员实现一体化管理。职业安全卫生处于突破性发展阶段，国家法规服从有约束力的国际协议。在过去，普通安全技术员的任务仅从事一个专业领域的活动，这种趋势正在逐渐发生变化。未来，在复杂的工作场所，安全领域的要求是希望一个人能同时处理职业安全卫生、工业设备管理(MTD)、环境保护、有害物质和关键工业事故管理、质量管理领域以及爆炸和消防保护等领域的任务。以事故追溯法分析为目标的传统做法正在被前瞻法所替代，即主要在设备预期寿命的第一阶段和产生空缺职位时应用现代化风险分析方法。因此，一名职业安全卫生领域的专家将成为企业管理活动的通才，从而在全球劳动力市场拥有竞争优势。

质量管理正逐渐成为企业繁荣兴旺的内部工具。有些大中型企业设有独立的质量管理部门，但是未来的发展将形成一个新的局面，即职业安全卫生管理、工业设备管理、环境管理和质量管理等4个体系被整合成一个单独的体系(见图1.7)。这在小企业中很明显。

能力意味着拥有特殊的知识。有能力的职业安全卫生领域专家必须是从事机械设备计划、开发、采购、运行和维护等领域的同事们的合作伙伴，同样也必须是从事有害物质管理的同事们的合作伙伴。因此，这些专家必须拥有最大可能的专业教育背景，而且必须通过高质量的终身学习不断进行拓展，目前这类专家主要来自大学。

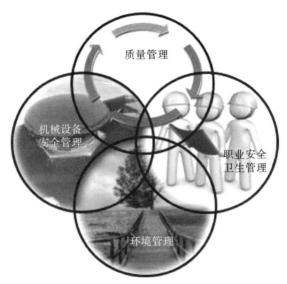

图1.7 一体化管理体系

1.4 劳动力市场的变化及其对职业安全卫生的影响

随着社会人口结构的变化，因技术创新和劳动力市场的全球化而带来的工作性质及工作环境的变化给职业安全卫生领域带来很大的挑战；同时，在"只有积极健康的员工才是企业竞争力"这一事实趋势下，也对员工培训方法的创新提出了挑战。

全球化是使不同国家彼此经济联系和市场关联程度日益紧密，也是形成全球性研究和教育领域的原因，因此，全球化进程影响工作环境的变化。部分全球化进程正在使教育渗透到之前无法达到的领域。全球化要求性别平等、宗教信仰自由、法规统一，同时能够使用科研成果和新技术，这还意味着将产生范围更大的劳动力市场，而且要求员工地位以及他们的工作环境平等。全球化还意味着科学、技术、经济、政治、社会生活等各领域的合作，意味着预防自然灾害和恐怖主义以及不利的工作影响。职业安全卫生是全世界需要合作的一个领域。在美国佛罗里达奥兰多召开的第17届全球职业安全卫生大会上，组织者们选择全球化作为主题词："全球化时代的预防对策——合作获取成功"。从更广泛的意义上说，全球化指的是合作和伙伴关系帮助我们成功面对全球化条件下的常见风险。因此，预防是常见的方法，它能使职业安全卫生惠及到全世界每一个人。

预防全球化和建立国际网络的前提条件是将知识推广到全世界的每一个国家。教育活动应是国际化的，即彼此之间应相互学习。这些活动的效率由工作过程中的所有参与者，即员工、企业以及制定有效法规的各个国家政府通过合作与对话进行保证。政府层面的合作需要在劳工、环保、教育、经济以及其他方面进行范围广泛的对话。例如,卡特琳娜飓风所反映出的是预防措施被低估;而美国国家宇航局(NASA)在飓风毁灭性破坏的9日前就发布了有关飓风强度的预报。类似的事情还有南亚海啸造成的灾难,而在灾难前5天就公布了有关毁灭性海啸冲击海岸的预报。积极采取预防的安全文化实例是2011年发生在日本福岛的大灾难,当日本民众知道有关地震和可能发生海啸的预警后,立即采取了行动,并最大可能地采取了将风险降至最低的措施。因此,此次灾难导致的人员伤亡大大降低。

在全球化世界,职业安全卫生管理的效率受以下因素制约:法规是否统一;确定激励标准,高目标;使用母语进行连续的系统培训;纳入综合管理体系;说明有关伤害发生的客观信息,即正面和负面观点,同时利用现有的信息技术工具;在国外成立的子公司仍然实施母公司制定的本国法规而枉顾所在国法规;是否实施终身学习计划。

除了识别生命各个阶段的风险,采取预防措施的重要目标是将风险降至最低或完全消除。全球职业安全卫生大会始终在传递最先进的研究和发展成果,以及大量工作经验应用成果,还包括新方法与合作所面临的挑战。研究领域正越来越国际化,它不仅是指科技信息和具体信息的交换,而且通过建立国际化的科技团队解决全球化问题。

经济发达国家出现老龄化的劳动力,从而出现属于这类员工特有的新型风险。企业和包括大学在内的教育机构必须考虑到这一新情况,并分别调整其教育系统,包括研究项目大纲、教育模块时长和教育的形式与途径。

工作环境的变化对员工及其资质提出了新的要求,因而对新的教育形式和实际教育内容提出了新要求。以下是观察到的值得提及的问题:

① 劳动力市场越来越国际化。跨国公司正在使用相同的风险管理方法,多语言的重要地位日益显现,这将成为语言学家的挑战。目前,正在建立一个单独的欧洲区域研究范围。

② 由于信息技术的应用日益增加,员工必须具有信息技术的能力。信息技术的使用要求员工更多地用逻辑、抽象、分析和假设等思维方式思考问题;数学知识变得越来越重要,因此,必须将信息技术纳入到不同的研究领域中。

③ 必须不断提高专业资质和社会资质。在教育和提高知识方面的投入正逐渐增加,尤其是通过各种终身学习程序。

④ 商业结构变化以及工作场所的分散需要更有独立性、创造性、主动性和责任,以及沟通、合作和团队思考的知识与技能。有些情况下,社会能力以及在团队

中的工作能力要比专业知识更加重要。

⑤ 工作本身越来越不受时间和空间制约,这要求员工更加灵活机动。

⑥ 人口在老化,不同年龄人群之间的关系正在改变,员工的平均年龄在增加。

1.4.1 职业健康安全的新原则

传统的职业安全卫生指的是这些任务由企业管理层任命一小部分专家负责的特殊任务。这些任务包括应对职业安全卫生领域的问题、应对发生的事故和伤害,并确保有约束力的法规得到遵守。关注职业安全卫生相关的管理体系是这些程序的一个变化。当前,在全球化背景下,国际劳动力市场快速变化,需要不断应用新的职业安全卫生管理形式和方法,尽快健全新的管理体系。

工作形式和组织机构的变化以及新的预防方法的应用实施,对职业安全卫生提出了新的要求。健康、积极和合理承担任务的员工保证了最终产品和服务的持久品质。2005年,在美国佛罗里达奥兰多举办的第17届全球职业安全卫生(OHS)大会上,包括开幕典礼上为这次全球大会特制的一首歌曲在内,都强调了职业安全卫生在全球框架下的重要性。著名的百老汇艺人J.马克·麦克维(J. Mark McVey)演奏了名为"This is the Right Moment"(正逢好时机)的歌曲。这首歌与这次大会相得益彰,现在正是通过合作解决21世纪的问题,并寻求合适的解决方法满足预防领域挑战的时机(图1.8)。

图1.8 J. 马克·麦克维(J. Mark McVey)

在一些企业中,职业安全卫生预防方法被纳入到企业理念和质量管理中,他们意识到,激励员工和满意度都是非常重要的商业经济要素。让企业所有管理者负责安全文化,而不再仅由一名专门工作人员负责(图1.9)。

图1.9 员工提供安全文化

由于劳动力市场和生产技术环境的变化，阻碍工作顺利完成的各种不利因素也在变化，从而出现新的风险。身体压力的重要性在其次，精神压力日益增加，常常是员工自行负责安全卫生问题。如果他们想解决这些问题，就必须有能力管理压力、舒缓精神负担、承担批评和责任，不断自我激励并有效开展工作。相比于放松身体负担的能力，对承受精神压力的要求大幅增加。在高素质员工人群中精神压力不断增加。这一现象对以后所有员工的教育与培训提出了新的要求，研究课程应包括心理学、社会学、沟通等研究领域。目前，员工对健康有了新的要求，希望保持健康并不受其工作环境的威胁。健康是他们绩效的基本要求。

在企业架构和产品/技术设计与开发阶段，必须考虑职业安全卫生以及工作场所人体工学方面的内容；然后确定是否有必要进行改进或维修，这不仅消耗时间，还需要增加成本。生产商、供应商和进口商负责向市场提供安全且设计合理的机器设备，还要向用户提供残留风险的信息以及正确使用的建议。工程管理机构以及职业安全检查机构作为技术设备安全领域的咨询组织，支持政府在职业安全卫生问题上的作用。研究和咨询机构提供职业安全卫生管理以及技术系统安全领域的服务。

1.5 安全文化中的人力资源管理

当前，管理体系的发展极大影响职业安全卫生与各管理过程的一体化。与此同时，对职业安全卫生领域复杂的解决方案的要求(尤其是在人–机–环境体系)，以及与工作有关的各种要求都在不断增加。员工作为一种人为因素，是该体系中的重要元素，但是必须通过其他元素去理解。

职业安全卫生管理的主要原则之一是特别关注各级员工的招募和培训,以及让他们做好准备并激励其兴趣。没有人事流程的支持和结合参与,几乎不可能贯彻这些基本原则。

人力资源管理是整个组织管理的组成部分(图1.10)。有资格、有能力并且有积极性的员工是人事流程与其他组织流程相互作用的结果。人力资源的核心涉及到工作过程中人的一切,尤其是员工招募、培养并有效开展工作,并利用他们的工作成果、组织工作能力、行为和关系完成工作。员工的业余活动正越来越受关注,这影响到他们的工作质量。

图1.10 人力资源管理

人力资源管理的主要目标是通过完成以下两方面的基本任务来实现:

① 根据所需要的专业资格架构和组织机构的战略目标需求,提供足够数量的员工。这意味着不仅要符合任务数量的要求,还要符合各项任务实际情况的变化要求。

② 员工行为与企业战略目标一致。这意味着员工有效地融入到其职业生涯中,其前提条件是他们取得了系统性的教育和进步,并通过足够的激励机制有效使用了他们的能力。

在发达国家,这些是越来越受关注的管理内容。有意义地创造并利用人的潜能,前提条件是企业建立并形成了实力和竞争优势。在系统性理解人力资源管理的基础上,组织员工达到企业的基本战略目标是有可能的。

人力资源管理的效率影响职业安全卫生管理体系的效率。利用关键绩效指标评价效率可以发现这一点,对它们进行正确的定义可以帮助管理人员加强这两个领域之间的反馈。

职业安全卫生管理的基本要求之一(依据OHSAS 18001：2007)解释了职业安全卫生政策，它必须适应机构组织的安全与健康风险的特点和范围，必须提供构建目标的框架，并体现机构组织的战略。因此，应考虑调整以适应变化的内外环境。

不同年龄段的员工将对企业内外部文化产生不同的影响，他们之间的诉求也不尽相同，组织机构在构建职业安全卫生战略、政策和目标时应考虑到这一点。从事社会人口结构变迁的最新研究详细分析了这一趋势，并说明了发达国家的年龄结构变化。他们预测，50岁及以上年龄的人口在增加，这意味着劳动力的平均年龄在增加，因而退休年龄也要增加。实际上，全球有些国家已经通过类似的立法程序对人口的最新发展变化采取了应对措施，例如，德国、冰岛、挪威、美国和以色列等国家的退休年龄已经达到67岁。

1.6 安全文化中的多语言文化

语言学是指对语言和说话的研究。这部分科学属于最古老的学科分支，其研究涉及社会生活的各个方面。所有的人类活动都涉及到语言(讲话)，因此也涉及到口头的自我表达。语言帮助我们在较高的情感层面实现情感表达，建立认知环境的条件。语言通常也是社会各阶层或职业生活中人与人之间最重要的沟通工具。

在劳动力市场全球化进程中，多语言问题正变得愈发重要。尽管工作中经常需要使用同一种语言，但是经验表明，使用同一种语言仍将只是一个愿望，不是现实。因此，在劳动力市场全球化的世界中进行沟通，使用不同的语言的重要性、其种类变化、未来用途，甚至是通过一种语言确定自己的身份都在推动应用语言学的发展。此外，将各领域的语言使用专家纳入到受多语言影响的项目专业人员中非常重要。这是因为，只有特殊领域的专家才能准确表达特殊概念用词。职业安全卫生和技术设备安全领域就是很好的实例，一个概念翻译不清楚，例如威胁(hazard)，就有可能最终因为事故或伤害导致严重损害。

当前，劳动力市场越来越全球化，劳动力迁移具有典型的经济价值投资特征。劳动力迁移是企业各种活动使用多种商务语言的原因，或者是特殊的沟通材料应翻译成多种语言的原因。欧盟是最好的实例，在欧盟总部，所有的材料和谈判沟通都被翻译成23种语言[图1.11(a)和1.11(b)]。

预计在未来，外国投资者将要求员工了解其"企业语言"，尤其是高级管理层面。例如一家从斯洛伐克获得资本股权的德国企业，日常管理中他们选择英语作为商用语言，但所有重要文件(尤其是内部法规和条款)以及职业安全卫生领域的法规都被翻译成多种语言。

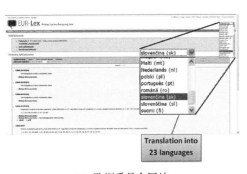 

(a) 欧洲委员会网站   (b) 标识

图1.11 欧盟实例

在职业安全卫生管理体系和风险管理体系中,沟通以及之后有效应用多语言原则是企业文化的组成部分,同样也是跨国企业在全球化背景下所体现出的安全文化的组成部分。在一些外部环境下也会出现这种情况,其中包括:

① 伤害、事故无国界;它们是国际劳动力市场的组成部分。

② 安全与风险管理领域的法规设计必须简单清楚,以便为各个国家设有子公司的企业每一名员工所理解。

③ 欧盟内部的法规趋同,但在各成员国,允许使用自己的语言来表达。

④ 向其他国家外包生产。

⑤ 通过统一的方法在各子公司推行风险管理和安全文化基本原则,不考虑子公司设在哪个国家。

⑥ 相对于母公司使用的语言,根据子公司所设在的国家,选择另一种沟通语言,目标是在企业各层面沟通中提供明确的概念指向。

以下列字段为例,介绍职业安全卫生管理体系可能应用到的领域:

① 英语将安全(safety)用于机器和工程系统的安全以及职业安全卫生的安全;而保护(security)指民事保护。

② 德语中,安全(safety)只有一个词[不使用Bürgerliche Sicherheit(民用安全)],这是德国民事与工业实践更多统一使用安全和保护(safety and security)的原因。

③ 在德国的风险管理体系中,对危险、危害和风险评估进行了辨别。而在英

语国家，与威胁(hazard)有关的只有一个词，翻译(成德语或斯洛伐克语)意义为危险(danger)以及威胁(threat)，有时甚至指风险(risk)。

我们可以认为多语言已经成为一种新风险，对它进行分析不仅仅是语言学家的课题，也是使用多语言相互沟通的技术专家团队的课题。

参考文献

'Challenges of the XVIII. World OHS Congress, Seoul, South Korea, 2008', Safe Work, December 2008, pp. 37–40, ISSN 1335-4078.

Pačaiová, H., Sinay, J., and Glatz, J. Bezpečnosť a riziká technických systémov, SjF TUKE Košice Edition, Vienala Košice 2009, ISBN 978-80-553-0180-8, 60-30-10.

Sinay, J. 'Riadenie rizika ako súčasť inžinierskej práce', Acta Mechanica Slovaca, January 1997, pp. 81–93, ISSN 1335-2393.

Sinay, J. 'Risk assessment and safety management in industry'. in The Occupational Ergonomics Handbook, [S.l.]: CRC Press LCC, 1999 S. 1917–1945, ISBN 0849326419.

Sinay, J. 'Risikomanagement-seine Integration in die komplexe Managementsysteme', XV. Weltkongress für Arbeitsschutz-Sektion B4-Neue wirtschaftliche Strukturen und kleine und mittlere Unternehmen, p. 153, Sao Paulo, Brasil, April 1999.

Sinay, J. 'Od BOZP cez kultúru bezpečnosti ku kvalite života', in International Conference Jakost 2003, DT Ostrava, May 2003, pp. A3–A6, ISBN 80-02-01558.

Sinay, J. 'Bezpečnosť práce ako parameter konkurencieschopnosti,' in XVIIth Conference on Current Issues of Occupational Safety, 2004, NIP Bratislava, pp. 1–8.

Sinay, J. 'Einige Überlegungen zur Selbstverständlichekeit und Notwendigkeit des sicheren Maschinebetriebs in gemeinsamen Europa', Seminar on 25th partnership anniversary of BU Wuppertal and TUKE, dialogue with Prof. Vorathom, Bergische Universität Wuppertal+ TU Košice, April 2007.

Sinay, J., and Majer, I. 'XVIII. World OHS Congress, Seoul, 2008', Safe Work, April 2008, pp. 12–14, ISSN 0322-8347.

Sinay, J. 'Sicherheitsforschung und Sicherheitskulturen', Transnationales Netzwerk-Symposium, Bergische Universität Wuppertal, NSR, 29–30, October 2008.

Sinay, J. 'Kultúra bezpečnosti—predpoklad rozvoja modernej spoočnosti', XXII Conference on Current Issues of OHS, Štrbské Pleso 2009, pp. 150–155, ISBN 978- 80- 553-0220-1.

Sinay, J. 'Všetci máme spoločný záujem—zdravého človeka a bezpečnú techniku', Safe Work, March 2009, pp. 43–44, ISSN 1335-4078, EPOS Bratislava.

Sinay, J. 'Kultúra bezpečnosti—predpoklad rozvoja modernej spoločnosti', in Current Issues of Occupational Safety: 22. International conference: Štrbské Pleso-Vysoké Tatry, 18–20 November 2009, Košice: TU, 2009, pp. 1–6, ISBN 978-80-553-0220-1.

Sinay, J. 'Anforderungen an eine moderne Arbeitsgesellschaft', Arbeitsschutztag Sachsen-Anhalt 2010, Landesarbeitskreis für Arbeistsicherheit und Gesundheitsschutz in Sachsen Anhalt. Otto von Guericke Universität Magdeburg/SRN, 2010.

Sinay, J., and Dufinec, I. 'Management rizík—efektívne vykonávanie podnikateľskej činnosti', in International Conference Jakost2002, Quality 2002, DT Ostrava, VŠB-TU Ostrava, May 2002, Ostrava, pp. A22–A26, ISBN 80-02-01494.

Sinay, J., and Majer, I. 'Human factor as a significant aspect in risk prevention', in AHFE International Conference 2008, S.l.: USA Publishing, 2008, p. 5, ISBN 9781606437124.

Sinay, J., and Markulík, J. 'Nové trendy v oblasti manažmentu rizík', in Ergonómia 2010: Progressive Methods in Ergonomics: Lecture Book: 24––25 November 2010, Žilina, Žilina: Slovak ergonomical association (SES), 2010, pp. 7–13, ISBN 978-80-970588-6-9.

Sinay, J., Markulík, Š., and Pačaiová, H. 'Kultúra kvality a kultúra bezpečnosti: Podobnosti a rozdielnosti', in Kvalita - Quality 2011: 20. International Conference: 17, 18.5.2011, Ostrava, Ostrava: DTO CZ, 2011, pp. A21–A24, ISBN 978-80-02-02300-7.

Sinay, J., Oravec, M., and Pačaiová, H. 'Posúdenie súčasného stavu hodnotenia bezpečnosti technických zariadení', in Machine Safety Requirements. Nitra: Agrokomplex, 2004, pp. 31–35.

Sinay, J., Oravec, M., and Pačaiová, H. 'Evaluation of risks as integrated part of modern management systems', Acta Mechanica Slovaca 12, No. 4, 2008, pp. 51–56, ISSN 1335-2393.

Sinay, J., and Pačaiová, H. 'Aplikácia nástrojov na stanovenie bezpečnej úrovne strojných zariadení', AT&P Journal Plus 9, no. 10, 2002, pp. 62–64, ISSN 1336-5010.

Sinay, J., and Pačaiová, H. 'Neue Trends bei der Sicherheit und Zuverlässigkeit der Maschinen', in Conversations in Miskolc 2006. Miskolc: University of Miskolc, 2006, pp. 71–76, ISBN 9789636617905.

Sinay, J., and Šviderova, K. 'Riadenie ľudských zdrojov v podmienkach systému manažérstva bezpečnosti a ochrany zdravia pri práci', in Kvalita 2010: Quality 2010: 19. International Conference, 18–19 May 2010, Ostrava: Lecture book—Ostrava: DTO CZ, 2010, pp. E25–E-30, ISBN 978-80-02-02240-4.

第2章 法规：人-机-环境体系单一风险管理方法展望

商品自由流动是欧盟成员国的主要市场支柱，也是欧盟主要的竞争和经济增长动力。法规明确了对产品的基本要求，促进商品的自由流动，最终实现单一市场及其正常运转。法规还对用户的合法权益进行保护，尤其是创建更为完善的职业安全卫生标准。同时，法规确定了产品的统一标识，从而确保进行市场交易的产品符合质量标准要求。

欧盟指令提供的是一般性评审体系框架，目的是检查评估主体和市场管理主体，还包括对产品和企业的检查。有效运行单一市场的基本原则，来自欧盟颁布的各种指令，以及全球检验认证方法。目前，该市场由27个欧盟成员国和另外3个欧洲经济区国家(EEA)组成。

今后的工程发展趋势是，行政管理系统更加注重新技术、新设备和新材料的应用。在一些成功企业中，复杂的现代化生产活动需要实施系统化的工作安排，并正确、经济、有效运行管理机制。企业的管理水平是高质量完成生产任务的基本保障，是提升市场份额、强化市场话语权的条件，也是遵守全球化欧盟市场环境的商业伙伴的可靠性标志。商业伙伴通过客户审查，再次检查供应商的工作安排水平，这在新加入的欧盟成员国中越来越常见。检查的内容还包括生产运行管理水平、质量管理水平、环境水平，有时还包括职业安全卫生水平。如果一家企业在做未来规划，则会在特定领域尝试透明地实施管理体系。

世界在不断变化和发展，工作环境与专业人员的关系也在变化，逐渐形成了新的安全防护理念，配合形势需要，出台了新的法规和标准。其中，在20世纪80年代，欧盟在这一方向上取得了重要进步。

实际上，潜在成员国在申请加入欧盟的谈判中，职业安全卫生和设备与技术系统安全起着重要作用。候选国加入欧盟必须承诺：改变本国法律，使之与被称为"共同体法律"的欧洲法规体系相一致。

1990年，通过框架指令89/391/EC和指令89/392/EC的实施，引入职业安全卫生管理体系，但在当时，即使是知识分子也没有意识到这种改变的必要性。这些指令包含了职业安全卫生体系的方方面面，例如：职业安全卫生政策、风险管理、故障措施系统、教育与检查需求、文档管理、让员工参与解决职业安全卫生问题、在设备生命各阶段实施风险分析的责任。这些法规改变了之前许多领域的职业安全卫生管理方法与程序，同时也改变了工作防护的理念。

指令89/391/EC的第Ⅱ章第6条第2、3节和第Ⅱ章第10条第1节规定：在工作场所，应实施风险管控，并将结果传达到员工。这些措施提高了职业安全卫生的水平，也改变了之前许多领域的方法、程序和理念。风险评估是新的职业安全卫生政策基本原则之一。

指令42/2006/EC是成员国工程设备法规，这是欧洲设备安全领域的法规。该指令生效日期为2010年1月1日，替代了原来的指令89/392/EC及其修正指令91/368/EC、93/44/EC、93/68/EC和98/37/EC。它强调的是提高设备的安全水平，尤其是将运行和维护过程中的安全意识传递到设备的设计和制造阶段。它还强调在设备设计阶段建立测量点，以便通过技术诊断方法了解设备的状态。确定了真实的技术状态，才能避免运行故障以及其后可能出现的事故，同时避免了运行安全，或对人产生的风险隐患。实际上，重要的解决方法是利用技术设备所在国的母语，详细告知运行的规定要求，建立标准化程序，将这些设备运行中出现的现有风险和残留风险告知操作人员。根据该指令附录Ⅰ第Ⅰ条，复杂工程设备的制造商负责解释设备运行过程中存在的威胁，评估可能造成的伤害及其发生概率，从而确定并评估风险，以便采取最小化措施。因此，指令中的1.7.2条规定，设备制造商有责任向设备用户提供各种残留风险信息。

这些要求(指令中的1.6条)限定了设备制造商、工程系统制造商、生产商以及设备用户的活动(包括对其维护的要求)，必须按照综合风险管理法规行事。在制造过程中，即使所依据的制造标准目前还不具有约束力，也要将其考虑在内，然后告知制造商如何实施风险最小化。这样就能实现最小化的风险标准，从而设计出安全的设备，即在运行过程中将设备的风险降至最低。

提前在制造阶段考虑到这些法规会明显影响到费用。如果在设备制造阶段使用错误的安全理念，则用户不得不考虑增加购买价格10%~30%的附加费用。

设备制造领域的发展趋势与现有的IT技术、测量程序和监控设备、新技术和新材料密切相关，有人会将新技术、新材料的应用看成一种安全威胁，并在设计阶段将它们纳入风险评估之中。在未来风险评估过程中，由于保护员工和受影响人群的安全–卫生法规一体化应用，我们有望看到特别复杂的机械设备的安全指标更加严格。指令42/2006/EC的要求归纳如下：

① 一致的、有效的单一市场管理。

② 在欧盟内部，有清晰、独特的"风险设备"技术规范，但是没有充分一致

的实施标准。

③ 必须采用最新的科学技术知识,同时将经济要素考虑在内,制造安全的机械设备。

④ 为局部完整的机械设备(即使不是整体)单独制定程序,以便于它们能够自由移动。

⑤ 指令要求建立统一的设备制造风险预防标准,目的是确定生产商之间的同等地位。

⑥ 制定等同的安全评估方法,即为各类机械设备实施符合理事会决议(93/465/EC)的具体方法。

⑦ 生产商完全认同并确保机械设备等同的一致性声明。

⑧ CE标志是本指令唯一提供等同要求的标志,并且必须作为整体去实施。

⑨ 生产商或其代表必须为即将投入市场的机械设备实施风险评估。

⑩ 成员国应有正确的实施方法,并制定违反本指令要求的制裁措施。

受本指令约束的设备如下:机械设备,可替换附件,安全部件,升降设备,链条、绳索和制动齿轮,机械传递用活动装置,局部完整的机械设备等。

新方法主要用于定义局部完整的机械设备(呈现的几乎是一套机械设备,但是不能单独实现"确定的目标")的等同评估条件(指令第13条)。动力系统就是一个局部完整的机械设备。局部完整的机械设备意味着它需要安装到另一机械设备或其他设备中,或作为连接构件才能形成一套机械设备。

安全有保证,产品才能上市销售,尤其是所谓一体化的安全,重点要确定整个设备生命周期的安全,同时要考虑其使用不当的情况,这意味着法规必须考虑设备的特点和使用条件。必须消除设备寿命期内的所有风险,才能使法规得到认可。

1999年,关于设备以及产品上市基本原则的欧洲指令89/392/EC(现为42/2006/EC)被纳入斯洛伐克法规,在工程设备制造方面,所有设备制造商均遵循等同原则。该指令内容如下:

① 以什么方式加工或生产那些有可能威胁安全卫生、人身财产或人文环境(简称"合法利益")的产品。

② 在建立、批准和发布斯洛伐克的工程标准方面,立法机构都有哪些权利和义务。

③ 按工程要求等同原则建立产品评估的程序。

④ 企业以及其他按特定法律设立并有权依据该法律从事等同评估活动的法人实体的权利和义务。

⑤ 从事设备生产、进口或销售的企业的权利和义务。

⑥ 在技术标准化和等同评估领域，国家中央管理机构和其他低级别管理机构的管理范围划分。

⑦ 执法监督，包括罚款。

2.1 设备安全与维护

新的设备安全方法也带来设备维护方面的变化。针对汽车行业及其供应商的标准ISO/TS 16949，主要用于实施预防性维护，提高质量水平。设备安全指令规定了制造和设计阶段应该遵守的要求："如果是自动化设备，必要时也包括其他设备，则必须准备连接装置，以便安装故障诊断设备。"

维护管理作为有效预防工程风险的措施之一，由于费用较低，并且能将设备的运行风险降至最低，已经成为一种先进的方法。设计阶段，在对安全和环境的负面影响最小化基础上，同时在成本优化和设备维护[基于可靠性维护(RCM)、全面生产维护(TPM)和风险检验(RBI)]的基础上，实施先进维护的必要条件是对技术设备的维护。但实际结果如何，取决于企业实施以下步骤的质量，以及是否符合程序要求：

① 目标分配：按照维护目标定义企业的管理目标；或者说根据法规要求(指律、法令、标准等)分配其他目标。

② 设备数据分析：实际上指的是数据收集、记录方式与其他数据(例如备件库存、供应商、外部服务等)的关联程度。

③ 实施的范围与支持：确定步骤顺序，详细的实施阶段责任分配(时间、财务、人力资源)、培训的类型与范围。

④ 相应工具和输出形式的规范要求：例如，利用新应用软件或微软Excel软件，支持程序维护、统计索引、绩效索引[关键绩效指标(KPI)]等。

⑤ 反馈：项目主办方定期组织管理会议，消除各种意外程序，确定进一步的行动，检查基准点等。

2.1.1 风险分析过程中的技术诊断

机械系统、技术和设备的基本要求是，假设产品在其设计寿命的各个阶段(包括运行过程、维修阶段)都是安全的。在人-机-环境体系及各要素相互影响的情况下，仍然要确保这些要求，使该系统成为将来实施安全分析的目标对象。

将技术设备和复杂技术的风险降至最低的现代化维护方法具有多学科的特点。这些方法指的是利用数学统计手段，并将人为因素考虑在内，观察设备实际技术状况的方法以及故障诊断方法(图2.1)。

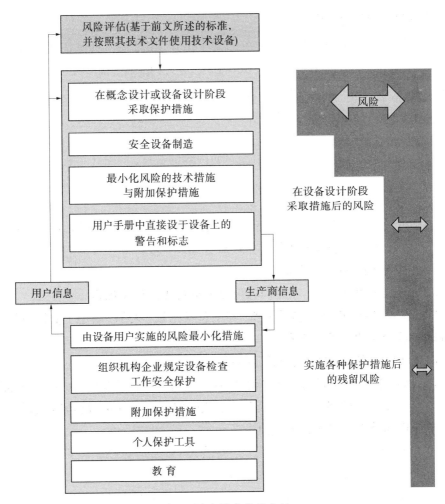

图2.1 风险最小化的方法

为了使技术体系、复杂的技术单元和特种设备完好无损并且安全地运行，新的技术风险最小化技术可以作为预防措施，而技术诊断就是此类技术之一。诊断技术是一种基本工具，可以实现设备的有效管理和维护，并消除设备可能存在的意外风险，以及其他可能影响生产的意外因素。在现代社会的某些领域，技术诊断都具有不可替代的作用和地位，这些领域包括：人力资源与培训、信息技术、商业环境、科学研究、创新技术等。

在有效运行的商业环境下，创新技术必须确保企业全流程运行的安全可靠，当然也包括技术设备的安全与可靠。在考虑结果可靠性的情况下，使用技术诊断方法，能消除影响人–机–环境系统安全的技术因素或人为因素。

2.2 《用户手册》的内容

为使用户意识到与设备运行有关的安全风险，需要一本详细描述设备结构与外形的《用户手册》。正如指令42/2006/ES中定义的那样，很多经验教训表明，必须重视《用户手册》的使用和实施质量。《用户手册》必须包含以下内容：

a. 生产商及其代表处的商业名称与完整地址。

b. 在机械设备上标出相应的名称。

c. 一份等同性声明或含有等同性声明内容的文件，同时介绍机械设备的详细内容。

d. 一般性机械设备介绍。

e. 机械设备的使用、维护、修理与检查必不可少的图表、示意图、说明和解释。

f. 可能作为运行场地使用的工作场所介绍。

g. 机械设备的潜在用途介绍。

h. 机械设备禁用警告，禁用内容可以根据过去的经验确定。

i. 装配、安装、连接的指导说明，其中包括图纸、大纲、固定工具以及用来装配机械装置的底架或装备名称。

j. 降低噪音或震动的安装与装配指导介绍。

k. 启动与使用机械设备的指导说明，必要情况下还包括操作人员的培训说明。

l. 虽然在设计阶段采取了安全管理措施，但仍然存在的残留风险信息；有效的安全法规和补充的保护措施信息。

m. 用户应遵守的保护措施信息，必要情况下提供个人防护工具。

n. 用于装配机械设备的工具的基本特点。

o. 在运行、运输、装配、拆装、关停、测试或意外停机期间，机械设备达到稳定性要求的条件。

p. 就机械设备及其零部件在单独运输条件下，安全实施运输、处理或存储的指导说明。

q. 故障或伤害的应对程序，安全启动设备指南。

r. 用户负责完成的调整和维护活动说明，以及定期维护措施说明。

s. 安全调整与维护指南，内容包括实施这些活动应采取的保护性措施。

t. 详细说明可能用到的备品备件(只要它们影响操作人员的健康)。

u. 噪音排放信息，包括：

工作场所噪音的传播水平，如果超过70dB(A)，则通过加权滤波器A测量；如果水平低于70dB(A)，也必须说明。

工作场所最大瞬时噪音水平，如果超过63pa(20μPa参照点为130dB)，则通过加权滤波器C测量。

设备的声功率水平，如果通过加权滤波器A测量的工作场所噪音水平未超出80dB(A)，则通过加权滤波器A测量。

v. 只要机械设备有可能发出对人体有害的非电离辐射，尤其是可能导致医护治疗的，则需要向操作人员及其他潜在人员提供辐射信息。

设备的每次交付使用，其附件必须包含《用户手册》。

2.3 国际劳工组织职业安全卫生管理系统(ILO-OHS 2001)

国际劳工组织职业安全卫生指令(IOL-OHS 2001)和OHSA 18001等已知程序或指南，可用于实施职业安全卫生管理活动。

根据国际劳工组织的资料，在很多国家，因为伤害事故导致的国内生产总值(GDP)的损失量高达4%。因此，建立健康保护系统，并作为构建安全文化体系的基本元素，在企业的日常管理活动中加以实施，变得非常重要。

长期以来，国际标准化组织(ISO)一直在考虑推出职业安全卫生管理体系的ISO标准，主要是颁布一款适合的职业安全卫生管理标准(最初预留类别18000)，同时修改现有的ISO 9000标准质量管理体系和ISO 14000环境管理体系。1996年，在日内瓦通过决议，决定建立符合ISO 9000和ISO 14000标准理念的类似标准。然而，这项草案并不是ISO标准体系，只是国际劳工组织的一项指令。1999年，国际标准化组织成立工作组，起草国际劳工组织也能加入的标准。国际劳工组织委员会开展的一项调查发现，由于国际劳工组织各成员国在实施职业安全卫生管理的ISO标准方面意见不统一，各成员国已经制定了自己的类似标准。多数情况下，发达国家通常担心实施该标准会对商业活动产生影响，从而反对实施此类职业安全卫生管理标准。ISO 9000和ISO 14000认证体系的推行也面临类似问题。此外，在职业安全卫生的管理和实施方面，到底应该将其纳入国家法律法规体系，还是按照国家的利益需要，将其归入特定管理机构，一直存在争论。本文的基本观点是，职业安全卫生管理标准应该灵活应用于各类企业，有关国家的政府或机构应根据各类企业的有效应用情况，对标准进行相应修改。

国际劳工组织决定根据调查结果成立工作组，起草职业安全卫生管理体系的技术指南，之后交给各成员国，在不做强制性要求的条件下实施。该体系与ISO 9000和ISO 14000体系相一致。依据这一指南，各国可在考虑本国法规的条件下，灵活调整指南的基本内容，使其适应各自的管理体系，最终建立各自的国家职业安全卫生标准，成为本国安全文化的组成部分。此外，各国应该组建各自的权威管理机构,负责国家职业安全卫生方案的实施。如斯洛伐克就组建了国家劳动管理局,其主要职责是定期检查实施水平、支持社会伙伴之间的合作、提供咨询,并对职业安全卫生方案的具体内容开展宣传和培训,还要评估国家政策对职业安全卫生方案的影响。国际劳工组织(ILO)职业安全卫生管理体系见图2.2。

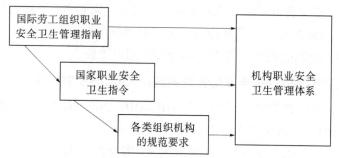

图2.2 职业安全卫生管理体系示意图

2001年5月14日,在德国杜塞尔多夫举办国际劳工组织"A+A研讨会暨展示会"期间,委员会发布了职业安全卫生管理体系起草指令。该指令具有以下三点特征:①不提及企业,而是说组织机构。②内容无强制性,用"可以"、"或"、"也许"替代"必须"。③体系不考虑各种认证。

国际劳工组织希望自己起草的职业安全卫生管理体系(下文称"指令")不与各国已存的标准相冲突,但它的内容基本类似于1999年颁布的职业安全卫生与安全咨询标准(OHSAS 18001)。

2.4 国际劳工组织的指令结构

指令的实际文本假设企业完全有能力实施职业安全卫生管理体系,包括组织管理,确保其基本原则得到遵守。职业安全卫生管理体系包含的大项有(图2.3):职业安全卫生政策、组织、计划与实施、评估、改进措施。

图2.3 职业安全卫生管理体系指令示意图

(1) 职业安全卫生政策

企业与员工一起贯彻实施"亲手定制的"职业安全卫生政策基本理念,还要遵守企业是职业安全卫生的责任主体的理念。同时，必须明确每个点的形式和目标，随着技术进步，必须为职业安全卫生政策的适当修改做好准备。组织机构的每一名员工必须熟悉这一切。明确说明管理体系中的能力要求是职业安全卫生政策的另一重要组成部分。职业安全卫生政策必须来自具体国家的有效法规，如果机构内已有质量管理体系或环境管理体系，还应实施职业安全卫生管理体系，进而将三个体系整合成单一体系(尤其是在中小企业)。

企业参与实施职业安全卫生政策非常重要，员工也必须参与职业安全卫生政策的结构建设，并被详细告知其目标，同时进行连续培训。

(2) 组织

企业负责在组织机构中实施职业安全卫生管理体系，同时负责风险识别、评估和管理。企业管理者必须明确告知每名员工各自承担的职业安全责任，此外要向员工提供理解管理体系各种活动的文件。无论是组织机构，还是参与职业安全卫生管理体系的外部合作伙伴(例如国家管理机构)，通讯系统都在其中发挥着重要作用。必须在组织机构的高层任命一名管理人员，全权管理职业安全卫生，必须自费对所有员工进行职业安全卫生继续教育与培训。

(3) 计划与实施

这一阶段的主要任务是评估、检查组织机构中现有的职业安全卫生管理体系。首先必须确保实施的管理体系符合国家法规要求，同时还要具有风险识别与风险评估的能力。这些评估结果最终会成为能否被纳入新管理体系的基本要求，因此必须给予明确；同时，还要确定完成具体措施的期限，必须客观说明各项活动的最后期限与内容，以便组织机构或员工能有效完成。计划实施的另一重要作用，是能明确可以测算的职业安全卫生目标。职业安全卫生管理系统的中心目标是风险预防，因此必须注意风险管理体系的连续过程，例如标准STN EN ISO 14121-1定义的连续过程，还必须注意应用风险管理的层级体系。

在企业想改变现有职业安全卫生管理体系前，必须客观评估企业内部管理机构的执行力，还要考察员工的适应能力，员工必须为此做好准备，以适应新的职业安全卫生管理体系。如果存在不足，必须采取有效的培训。另一方面，某些特定企业引入的职业安全卫生管理体系，必须满足本企业的特殊需求。也就是说，企业应该围绕新的职业安全卫生管理体系的规定而完善内部管理，新的职业安全卫生管理体系也必须适合企业的经营管理环境。这两层意思同等重要。

(4) 评估

对企业的职业安全卫生管理体系各项措施进行有效监督是评估的必要组成

阶段。此外，评估还规定了各个管理水平的实施责任。监督的目的是要得到完成职业安全卫生政策目标(尤其是风险管理)的信息。监管首先要求具有前瞻性。也就是说，无论意外事件是否发生，监管都不能缺位，同时必须简单明了地记录监督结果。对开展的职业安全卫生管理活动实施监督，也是评估过程的组成部分，例如检查职业伤害和疾病等。将结论告知员工，可以起到激励作用。企业员工必须知道评估结果。在对职业安全卫生管理体系的实施结果进行评估时，内部调查与外部调查(例如政府劳动检查机构进行的调查)同样重要。

审查是评估过程的另一重要部分，审查程序必须按审查人员的工作能力和内容来确定。最重要的审查内容有：职业安全卫生政策、员工参与、责任委托、能力和资格预期、职业安全卫生管理体系文件，以及风险管理系统的管理活动等。必须强调，招募的审查人员可以是国内专家，也可以是国外专家，但必须能够独立开展审查活动。审查结果必须包含对管理系统效率的评估，必须给出职业安全卫生管理体系的改进建议。最后，审查结果还要告知被审企业的所有员工，甚至与员工开展讨论。

(5) 改进措施

根据职业安全卫生管理体系效率的观察结果、审查结果和定期检查结果，提出具体的建议措施，然后将这些措施用于预防或即时纠正。优先应用持续改进职业安全卫生管理体系的具体措施。条件允许时，建议对职业安全卫生管理体系和其他体系的实施成效进行比对。

2.5 职业安全卫生管理体系OHSAS 18001

职业安全卫生领域使用最广泛的OHSAS 18001标准(及其解释OHSAS 18002)，是实施职业安全卫生管理体系的指导性文件。该标准来自全球14家认证机构应对国际化标准组织未发布ISO标准的倡议。它不是正式的ISO标准，只是质量或环境管理体系标准，但大多数企业都将OHSAS 18001标准当作一体化管理体系的组成部分。

1999年4月15日，颁布了OHSAS 18001(OHS)管理体系，这是来自7个国家职业安全卫生领域以及认证、审查和标准化领域的12家知名机构参与制定的。OHSAS指令与国际标准ISO 9000及ISO 14000相一致，目的是将它们整合到组织机构的一般管理体系中。指令的内容含有职业安全卫生管理体系的要求，它们允许特定的机构从事风险管理并提高其经济效果。OHS管理体系适用于各类想消除风险或实现风险最小化、提高职业安全卫生水平的企业，也适用于希望认证其管理体系的组织机构。

根据国际劳工组织ILO(图2.4)以及OHSAS 18001管理体系的各个要素可知,这些体系在很多方面是相同的,唯一不同的是(即使只依据其形式安排),OHSAS指令要求高层管理人员对实施改进措施后的结果负责。在指令中,附录1介绍了建立一体化管理体系的内容,其中阐述了职业安全卫生管理体系、环境管理体系以及质量管理体系之间的相互关系。因此可以认为,根据国际劳工组织法规制定的职业安全卫生用户手册,符合OHSAS 18001指令的要求。

2.6 职业安全卫生管理体系OHRIS

2001年,德国巴伐利亚负责劳工、公共事务、家庭与妇女的政府部门与工业企业合作,制定了职业安全卫生管理体系OHRIS(即职业健康和危险管理系统),它不仅包括职业安全卫生管理,还包括技术设备安全管理。通过一些较大的企业对该体系进行了第一阶段试验。实际上从事生产的大部分都是中小型企业,出现的职业伤害也最多。因此,OHRIS制定者的主要目标之一就是修订该体系,满足这些企业的需要。通过对系统结构进行设计,能够将它应用到一体化管理体系中。

OHRIS管理体系的结构可以分为20个步骤。从图2.4可以清楚看出,根据ILO和OHSAS 18001制定的管理体系的所有元素都包含其中,但不同的是,一些具体要素的说明更为详细。因此,可以将它们灵活应用到多个工业领域的不同类型企业。该指令的附录3和附录4也提及,可以将各个管理体系整合为单一管理体系。与现用的管理体系相比,OHRIS指令更加清楚地介绍了管理体系的应用实例,加深了企业对管理体系的理解,缩短了企业的实施时间。

2.7 欧盟新成员国职业安全卫生管理体系观念的变化

与当前全球化劳动力市场的环境要求相比,过去的职业安全卫生管理方法有什么不同? 在过去,职业安全卫生管理体系被理解成是建立符合规范、法律和标准要求的环境的过程,满足安全法规要求是确保工作场所安全的基础。

当前,作为管理活动之一,风险管理涉及各个方面。风险是指能影响企业实现其经济目标的破坏力。风险管理的目标就是从定性和定量两个角度确定这些潜在风险,并提出将风险降到可接受范围的措施与建议。有效风险管理的基础是开发并设计企业的风险管控政策,其中包括企业高层在组织架构下实施管理、任务授权和目标–问题处理。

在斯洛伐克共和国,企业实施合适的职业安全卫生管理体系有一个重要的现实原因。建立合适的机制,使企业在职业安全卫生领域正确开展工作,可以实现职业安全卫生水平的持续提高,这具有重要的经济意义,它解决了职业安全卫生问题,并在更广泛意义上建立了受欢迎的工作环境,营造了融洽互信的工作关系，获得了优化的工作流程和积极的经济效果。另外，它还降低了经营成本，提高了生产效率、工作效率和产品质量，这意味着企业有了更好的前景，整个社会也会更加繁荣。同时，它也具有重要的人文价值，体现了企业、国家甚至是跨国企业的文化和社会文明程度。

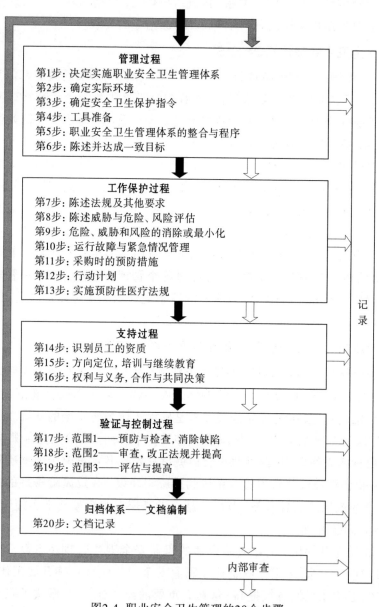

图2.4 职业安全卫生管理的20个步骤

在很多中小企业，职业安全卫生管理系统被越来越多地整合到企业的核心管理架构中。在包括欧盟在内的发达国家，对国内生产总值贡献最多的通常是中小企业，这类企业适合实施简化版(整合版)管理体系，比如将工作环境标准与职业安全卫生标准整合在一起——只要通过内部审查或客户审查，即可实施。在对外合作时，如果大企业将系统性保证职业安全卫生水平的环境标准作为与小企业的合作条件，那么小企业在实施整合版管理体系时，必须注意管理程序的合理性。目前，不仅在斯洛伐克，在所有欧盟成员国，当实施职业安全卫生管理体系时，中小企业大多采取这种策略。

职业安全卫生系统自身也处在快速发展之中。过去，传统安全技术人员的任务只是从事单一领域的工作，现在的情况正在发生变化。未来，在复杂的工作场所，从事安全工作的人员必须处理职业安全卫生(OHS)、机械设备安全(SMD)、环境保护、有害物质管理、关键岗位，以及防爆与消防领域的问题。在设备的设计、制造阶段，甚至在工作岗位的设置阶段，都可以用以现代风险分析为目标的前瞻性方法，替代以追溯事故分析为特征的传统方法。

质量管理已经成为促进企业发展的工具。一些大中型企业都设有独立的质量管理部门，未来有可能发展成将OHS&SMD管理、环境管理和质量管理体系合而为一的新体系，这种做法目前在小型企业比较流行。一个合格的职业安全卫生专家必须与计划、开发、采购、操作和设备维护，以及有害物质管理等领域的同事平等相处，愉快合作。

参考文献

Pačaiová, H., Sinay, J., and Glatz, J. Bezpečnosť a riziká technických systémov SjF TUKE Košice Edition, Vienala Košice 2009, ISBN 978-80-553-0180-8.

Legislative Regulations 41

Sinay, J. 'International Labour Organisation Directive on occupational health and safety management: Its impact in integrated management systems', XIV. Conference Current Issues of Occupational Safety, VVÚBP Bratislava, October 2001, pp. 63–71.

Sinay, J. 'Einige Überlegungen zur Selbstverständlichekeit und Notwendigkeit des sicheren Maschienebetriebs in gemeinsamen', Europa Seminar of the 25 Partnership anniversary of BU Wuppertal and TUKE, dialogue with Professor Vorathom, April 2007, Bergische Universität Wuppertal+ TU Košice.

Sinay, J., and Laboš, J. 'Zákon Č. 264/1999 Z.z. NR SR a jeho aplikácia pri konštruovaní zdvíhacích strojov', in Zdvíhacie zariadenia v teórii a v praxi, Košice: TU-SjF, 2000, pp. 16–22, ISBN 8088896134.

Sinay, J., Oravec, M., and Pačaiová, H. 'Nové požiadavky Európskej smernice na bezpečnosť strojov a jej dopady' (New requirements of European directive on equipment's safety and its consequences), in

Defektoskopie 2007, Brno: VUT, 2007, pp. 211-216, ISBN 9788021435049.

Sinay, J. 'EU Directives 89/391/EC and 89/392/EC and their place in the integrated quality management system', VI. International Conference Trial and Certification of MASM, SSK, Slovak Quality Association, Žilina, 1998 under the working title 'Providing consumer protection by safe and ecological goods', pp. 42–49.

第3章 一体化商业管理体系中的风险管理

世界卫生组织(WHO)对生存质量的定义如下：生存质量是物质条件、文化以及思想信仰的体现，它们之间相互影响，决定着生存质量的标准。通常情况下，很难对它下具体的定义，这有点类似给一辆高质量的汽车下定义。生存质量的高低直接或间接与人的生活有关。

我们可以将生存质量理解为多领域现象，可以使用不同的指标解释它。生存质量不是什么新现象，其根源可以追溯到过去。最初人们对它的认识停留在两个层面上：一是精神层面(宗教)，二是哲学层面。就生存质量来说，世界上每个人的生活和行为都在向更高的水平发展。教育和学习，新汽车替换旧汽车，速度更快、款式更新的电脑都证明了这一点。

19世纪初，主要通过社会指标衡量生存质量；20世纪中期，生存质量被认为是财富、福利和消费方式的综合；今天，衡量生存质量越来越关注非物质价值方面。因此，生存质量成为复杂的、多领域名词。

我们可以用不同的指标衡量生存质量。现实中有很多价值可以测量生存质量。结果表明，这些测量值的具体化不是通过不断增加测量参数，而是运用围绕着它们的其他方面。在生存质量评估时，应考虑9个主要方面：物质财富(经济繁荣)；健康(有效的卫生保健及其程度)；政治稳定安全；家庭生活；社会生活；气候与地理环境(考虑气候类型)；工作稳定(包括职业安全与失业率)；政治自由；性别平等。

目前，对生存质量的判定还没有统一标准，缺乏共识的原因是对生命本身的理解不同。如今，发达国家提倡民主，在定义生命时，每个人都按照自己的标准判断生存质量的优劣，结果当然不能找到清晰的生存质量价值标准。产品质量也是如此，无法给出明确的评判标准。

价值是评估生存质量的决定性因素，这些因素引导着人的主观判断。价值是随时间变化的，但又不仅仅由时间决定。对价值的不同理解也造成对生存质量的不同理解。

我们购买产品时，看重的是它能否满足我们的需要，而是否满足需要还要看消费者的基本预期，出发点显然来自对质量的定义。那么是否有可能将质量与安全相分离，或者说使其中一个因素变得更重要？每一个购买产品的人都看重性能和安全系数，例如，没有人会接受一辆快速高效、外观好但是没有标准安全装置的汽车。选择产品时，安全是重要的考量。将风险降至最低是对产品以及生产技术提出的综合性要求之一。因此，质量和安全同等重要，没有高低之分。

下面结合生存质量，探讨民事安全中的生命安全。在科技迅猛发展的今天，尤其是在信息技术领域，质量和安全哪个更重要？专家也不可能给出明确的结论。质量与安全是密切相关的两个方面，从消费者的角度看，降低生产技术的安全水平，意味着降低产品上市的能力，从而最终降低产品质量。优质的生存质量意味着生活中各个方面的风险都被降至最低。

3.1 安全文化与质量文化

近年来，在应用新管理体系的过程中，经常提到文化一词，该词来自拉丁文，概括了人类全部的物质生活与精神活动成果。因此，安全文化是在人–机–环境体系中为建立安全的工作环境和生命安全所进行的全部人类活动的总和。而质量文化是指建立实施各种质量管理体系的环境，从而使之能够生产满足各方需要的最终产品。

职业安全卫生是企业与员工的共同任务，形成这样的共识是实施安全文化的前提条件。同样，一件产品的最终质量是由各个生产环节的具体质量决定的。因此，在各个企业以及生活的各个方面，健康保护都需优先考虑，即安全是优先目标，或者说安全第一。

在国际标准化组织推出的ISO 9001标准中，质量指产品的技术规范对客户需求的满足程度。安全是质量的要素之一。为了提高设备质量，保证其安全与可靠性，必须按照质量管理体系要求来设计和生产。可靠性是安全产品的特点之一，必须按照技术规程要求，达到其质量特征要求。因此，在质量管理体系、技术系统管理体系、职业安全卫生管理体系中，自然存在很多共同内容和相互关联。

3.1.1 安全与质量的关系

工作场所的安全与高质量的产品是如何联系起来的？哪一个更重要？如今，很多企业高调宣称安全第一，安全责任优于其他。在这种情况下，企业是否真的关注生产安全事故？还是隐藏着更深层次的想法？所有这些都是管理专家需要处理的问题，以成功避免事故的发生，使企业得到可持续发展。

安全是高质量产品(商品或服务)的组成部分，根据这一事实，我们可以认为，安全文化也是各项管理活动的组成部分。因此，对于最终产品来说，质量要比安全更为重要。保证最终产品的质量是企业的共同目标。利用这一共同目标，复杂的管理体系各个具体领域之间发生联系,通过有竞争力的产品实现企业的经济可持续发展。为达到这一目标,需要在企业现有的管理体系中,将安全检查与质量检查相结合,不断检查是否满足质量参数的要求。

企业生产的产品,不仅质量要满足各项法规的要求,产品本身还要满足消费者的使用要求。消费者的重要要求之一是在最终产品及其生产或提供的服务中,风险被降至最低。但是,向市场提供高质量的产品,不仅要符合消费者的典型参数要求,还要以可接受的价格按时交付到客户手中(图3.1)。实际上,在很多情况下,对客户来说,按规定时间交付合格产品是决定性的标准。这样,生产商就要在压力下实现正常生产,同时避免发生伤害或设备故障。在人–机–环境体系中,两个重要元素超出范围,就会产生人身伤害或者机器故障。

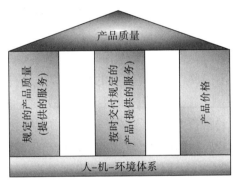

图3.1 产品质量属性

当前,最终产品的质量、安全和可靠性等因素是产品开发的基础参数。让消费者满意是产品的最终参数之一,它意味着生产商必须生产出质量好、安全可靠的产品。安全制造首先成为一个系统性的工作。

出现工伤事故就是由于未能满足生产环节的基本要求,从而导致对企业生产产生负面影响。由于事故的记录、消除影响、替换受事故伤害的合格劳动力等因素的制约,未必总能满足产品按期交货的要求,因此,第二个影响质量的参数是工伤事故有可能导致生产中断。这些都证明产品的质量要求直接与风险最小化以及安全有关。从综合角度来看,意味着在管理活动中,需要兼顾安全文化的基本原则和质量文化的基本原则。这只是一体化管理体系中,或者是目前使用越来越多的属性管理方法中的决定性方法之一。低估或忽略工作场所安全文化基本原则在企业中的应用,与坚持质量文化基本原则、努力实施有效的质量管理体系活动相矛盾。

在企业管理中,追求安全文化与质量文化,往往意味着以下事实:

① 职业安全卫生、技术系统安全和生产质量必须是企业发展战略的组成部分，它们应该成为促进企业繁荣的工具。

② 首先必须预防出现安全文化与质量文化被忽视的情况，企业各项管理活动都应满足安全文化与质量文化的要求。

③ 必须明确说明职业安全卫生、技术系统安全、生产质量的责任。

④ 企业中的每一名员工都要关心职业安全卫生、技术系统安全和生产质量。

⑤ 必须在风险与质量管理体系中实施持续改进的原则。

⑥ 在企业日常活动中，质量与安全是协调一致的，尽管对于安全还有不同的理解，比如伤害、危害、损害等，但必须站在同一高度理解质量与安全。

在企业管理层面，要求职业安全卫生、安全运行与维护、产品安全等活动必须符合各项法规的要求。另一方面，生产的产品还要符合质量管理体系的非约束性指标要求。

职业安全卫生、技术系统安全管理体系、使用越来越广泛的风险管理体系以及质量管理体系，都是企业综合管理体系的组成部分，它构成了企业的战略目标，即实现长期繁荣发展。在企业管理体系中，有效实施技术系统安全、职业安全卫生、生产质量保证的前提条件，是整合安全与质量文化，形成企业文化，这也是企业生存质量的基本特征要素。生存质量必须源自不断的培训与教育，尤其是实施不同的风险管理体系方法，同时还必须认识到不存在零风险这一事实。

将安全与质量纳入到企业管理层面，不仅仅是企业管理人员的责任，也是每一名员工的责任。安全与质量文化应该成为企业与员工终身学习计划(LLL)的必要组成部分。当今的趋势是，安全与质量文化已经成为一家成功企业的管理者从事各项职业活动决策的组成部分，也是全球化环境下每个群体在各自社会生活领域决策的组成部分。

3.2 产品及生产阶段的安全、质量与可靠性特征

新技术与机器结构越来越复杂，它们对环境的影响、人体工程学要求以及消除人为因素故障的技术方案变得越来越重要。使用新技术、配置高性能系统的新机器并利用新材料，是工程领域的技术发展趋势。

很显然，安全的产品必须具有可靠性。按照技术环境或使用手册的定义，必须满足工作/用户的具体要求。因此，在质量管理体系、技术系统安全管理、职业安全卫生管理之间自然存在很多共同点和相互联系。

追求最终产品的高质量是所有企业的核心目标。在复杂的管理体系下，各个具体环节之间的联系与协作都是为了实现这一共同目标，即经济有效地生产有竞

争力的好产品。为了确保核心目标的顺利实现，应该将安全和环境检查纳入各个管理系统，以满足质量参数的要求。

对设计者而言，最终产品的质量、安全和可靠性是产品开发的决定性参数。让消费者满意是产品的主要参数之一，而消费者的满意意味着生产商必须生产出质量好、安全、可靠的产品。在这方面，安全制造首先是一个系统性工程。参加项目的每一名工程师，在从产品生产到质量检查的所有环节都要仔细认真，从而获得质量好、可以在市场上销售的产品。一件好的产品，在设计阶段就应明确其加工工艺和用途，必须对产品生产全流程制定详尽的计划，各个部件与材料的选择要合规，还要明确实施质量管理与安全管理的方法。产品生产全部流程中，有些是难度很大的工程任务，而更多的是生产过程中的协调与监管任务。

机械设备在设计时必须考虑到它的运行环境，保证其在运行与维护时不会威胁到人–机–环境体系的各个要素。必须采取措施，消除机械设备使用期间各种事故或材料损坏带来的风险隐患，或将风险降至最低，这其中包括设备的安装与拆除。某些时候，设备运行在不符合规范要求的环境中，也必须做到安装、拆除、维护环节的安全。工程师必须了解机械设备的运行环境，以便设置符合环境要求的参数。也就是说，技术诊断法的使用要结合最新的实验测量方法。

根据上述原因，只有采取各种有效的维护措施，才能使设备(甚至是复杂设备)在使用寿命期间始终处在安全可靠的运行状况，即从技术和人员两方面采取风险最小化措施。机器设备的安全与维护越来越重要，使得维护任务也发生了改变。机器发生故障不仅仅会造成停工，自然也会形成特殊类型的危险隐患。

每次经过中小规模或者一般性维修后，必须进行风险分析，确定设备是否安全、后续运行过程中风险是否被降至最低。只有安全和有效运行的设备才能实现质量循环，最终生产出受消费者欢迎的产品。因此，企业、制造商和设备用户、安全工程师以及质量管理专家必须共同或单独确定、分析并量化风险，应用风险最小化(或消除)措施，也就是说必须实施风险管理。

一台机器或设备越是容易发生故障，则导致的安全与质量之间的矛盾就会越大。很自然就会要求消除整个体系或部分体系中的薄弱点，或者提高其可靠性。因此，增加可靠性意味着消除薄弱点，从而将风险降至最低，最终得到高质量的产品，为生产商带来经济收益。

对产品或生产过程来说，在过去，高质量指的是规定(要求)的产品性能与最终达到的安全与可靠性参数之间充分一致。近年来，随着设备与系统的复杂程度不断增加，以及错误操作带来的代价大幅上升，催生出处理安全、质量以及维护技术可靠性问题的分支学科。无论是在$t=0$(即启用)时,还是在整个产品使用寿命期间,复杂的技术设备与系统以及生产技术发生故障的可能性都大为降低。安全与等同原则有助于在产品生命周期内实现可靠性与产品价格之间的优化。可以提前在最终产品形成阶段积极影响所述参数,例如可以选择使用"并发控制法"进行参数测定。

3.3 在制造阶段提升安全与质量的可能性

新技术导致机器结构非常复杂,这一趋势还在不断延续。因此,人们更加关注这一趋势对环境的影响、对人体工程学的要求,由此,那些消除人为因素故障的技术方案越来越受到青睐。使用新技术,配置高性能、复杂系统的新机器和新材料是工程领域的技术发展趋势,将它们安全地引入人–机–环境体系是决定性的标准之一。在开发阶段以及后续制造阶段,为新机器建立安全的运行环境非常重要。此外,对技术系统与机器制造进行安全评估时,确定整体安全等级也非常重要。为了评估安全等级,必须说明危险发生的可能性,同时对潜在的影响范围进行评估,即风险评估。应用质量与风险管理方法,提高机器制造的质量、安全、可靠性以及预期寿命是必不可少的。这些方法主要受科技发展水平的影响。合理利用系统性的工程技术,是最小化风险并实现较高生产质量的方法之一,也是产品设计阶段复杂的系统性方法。

3.3.1 制造过程的质量要求

生产安全可靠、质量优良、加工过程复杂的机械设备,要求参加项目的每一名工程师都要重视从产品特征定义到生产过程实施阶段的所有过程,从而达到最佳的结果,即获得质量好、可以在市场上销售的产品。仔细分析所有环节,可以看出,有些是开发与制造阶段的工程任务,而其他的是生产过程的协调与监管任务(见图3.2)。

20世纪60年代,产品设计参数与实际参数之间充分一致被看做是高质量的标志。随着设备与系统的复杂程度不断增加,以及生产过程中发生的各种故障导致价格大幅上涨,催生了新学科的出现,即将质量管理以及安全、可靠性和维护整合到最终产品寿命的第一阶段(即开发与制造阶段)的分支学科。在制造阶段,当前的方法是确保机器与复杂的设备在启用阶段($t=0$),以及产品的整个设计寿命阶段,尽可能出现最少的故障。在设备制造阶段,应用质量管理方法,意味着在产品寿命期内实现安全、可靠性、生产质量以及价格之间的最大优化。可以通过实施一体化系统,将质量管理、环境管理、安全管理整合到生产工程体系,达到上述要求。

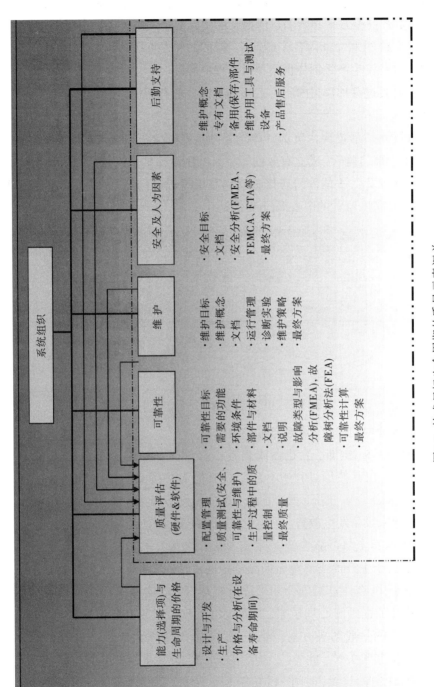

图3.2 技术目标生命周期的质量元素汇总

在机器与设备制造阶段，质量管理应用的基本规则可归纳为以下几点：

① 质量及安全水平必须满足消费者的实际要求，即：应用"必要高度"规则。

② 应在机器寿命期内各个阶段实施质量评估活动，特别是在开发和制造阶段。因此，在完成生产之前应保留项目经理一职。

③ 必须通过参加项目的所有工程师团队合作开展质量管理：应用"并发控制法"(见图3.3)。

④ 质量评估活动应由负责一体化管理体系(质量、安全与环境)、协调项目各个阶段的中心部门监管：成立有效的质量与可靠性评估部门。

⑤ 质量与安全评估部门有权独立向高层管理部门汇报：将必要的权力授予负责质量与可靠性监管的中心部门(见图3.3)。

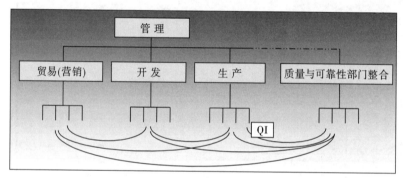

图3.3 质量评估组织结构(实线表示合作；QI=质量检查)

3.3.2 制造设计中的安全、风险与可接受风险

安全是指目标物(即一台机器或其各个部件)不对人体造成各种伤害，不损坏(破坏)材料，或在其使用过程中不会造成其他无法接受的结果。在设计阶段，加入安全性要求必须基于以下两方面条件：按照制造商提前给定的技术条件，保证安全运行；如果设备发生故障，保证工作环境的安全。

保证技术安全与可靠性至关重要。根据欧洲国家的法规，一台机器的安全程度主要取决于生产商需要对该产品承担的责任，以及对产品采取的安全措施。可通过评估或风险计算对安全水平进行定量评估。这种安全评估需要多学科方法，必须通过工程师和心理学家，有时也包括政治家相互合作解决，从而找到使终端客户满意的一般解决方案。因此，将故障率(或不利事件)与产生的后果控制在可接受范围非常关键。此外，必须考虑人–机–环境体系中出现不利事件的各种原因及其影响结果(位置、时间、相关方、人、结果、持续时间等)。可以使用统计方法进行风险评估，并计算不利事件发生的概率。

3.4 一体化管理体系

在ISO 8402标准体系中,将质量定义为:目标物满足规定要求和预期要求的能力特征总和。安全是质量的要素之一,因此,在质量管理体系、技术系统安全管理以及职业安全卫生之间,自然存在很多共同点和相互联系。也就是说,风险管理已经渗透到环境保护领域,环境体系管理也应纳入到质量管理体系中。最终,在质量管理体系,甚至可以依据职业安全卫生咨询服务标准(OSHA)18001或MOP指令,将职业安全卫生管理要素以风险管理(RM)体系的形式纳入其中。目前,ISO 9001质量管理体系和ISO 14001环境管理体系(EMS)各自独立,在产品层面,还没有统一的能够解释质量、环境和安全三大体系共同特征的一体化管理标准。一体化管理体系的示意图见图3.4。

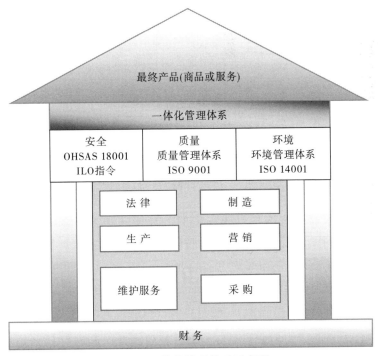

图3.4 一体化管理体系示意图

将质量管理(QM)、风险管理(RM)与环境管理(EMS)体系合并成一个复杂的体系具有下列优势:保证高质量成为产品市场竞争力的基本要素;提高技术设备的安全与职业安全卫生,达到降低伤害和故障率的目的,形成确保产品安全和保证企业战略优势的组成部分;增加企业的社会认可度;将因未能满足职业安全卫生与环境保护领域法规要求而造成的损失降至最低;建立消除企业与政府检查部门之间冲突的环境。

3.4.1 管理系统一体化：案例

下面以管道系统为例说明质量管理(QM)、风险管理(RM)以及环境管理(EMS)活动的一体化，具体见表3.1。

表3.1 一体化管理体系中任务的相互关系

项 目	质量管理任务	风险管理任务	环境管理任务
设备研发	研究开发新的质量管理概念，目的是确定质量参数	研究开发新的风险评估方法	研究开发适合环境的商品和技术
设计、计划	满足产品质量要求的条件	找出消费者需要什么类型的产品	尊重消费者的环保意识，在产品生产、回收或销毁环节，是否对环境造成影响
生产工具与维护	旨在保证技术设备质量与长期寿命的维护	识别并消除因技术设备误操作带来的威胁；综合安全设备的新元素	利用满足环境要求的工具与材料；实施可行的改造，提高技术设备的运行能力；预防性更换老旧的或者技术落后的部件
材料流	在材料流中实施各项活动，避免被输送目标的贬值	保证材料输送安全；识别危险并采取措施消除它们	选择短的运输距离；避免不必要的运输；使用能观察对环境影响的运输设备

必须保证介质在管道中输送，才能使管道出口的介质性能满足质量管理所规定的管道使用技术要求。设计管道时必须注意被输送介质的性质，也包括向环境渗漏引发的污染问题。确定管道尺寸、选择生产材料都要依据上述特征。这一阶段的特点是将技术安全与选择管道材料时的环境问题综合在一起。从安全的角度出发，管道的操作也要求遵循明确的技术规定，对其表面进行定制，并选择合适的材质，这也要综合安全和环境方面的要求。

实施一体化管理体系时，各项与企业功能有关的活动实例见表3.1。

3.5 职业安全检查

在商业经济学中，安全检查是对企业或其组织部门整体环境情况的确认，必须以不同的形式记录确认结果。

职业安全检查一项重要的议题，就是了解企业内部从事职业安全卫生管理的人员和专家，考察这些人对企业、工作场所及技术设备的检查与控制能力，以及他们在企业内部组织培训和研讨会的经验。

安全检查要达到的目标：

① 危险与威胁识别。

② 形成风险管理的环境。

③ 制定更加有效的职业安全卫生行为方法。

④ 企业其他层面管理的积极影响，以便提高最终产品质量，并成为一体化管理体系的组成部分。

⑤ 有助于企业实现更低的经营成本。

安全检查是安全文化的基本要素之一。职业安全卫生是企业与员工在各个层面管理的共同任务，安全文化以形成这样的工作环境为前提条件。

3.5.1 安全检查的基本内容

安全检查的必要元素是检查企业及其各部门。如果觉得检查内容还不够充分，即信息不详细、不完整，则必须扩大到全面安全检查。以下观点归纳了检查的核心内容，它对比了实际环境与法律、法规以及指令要求：

① 通过识别危险与威胁，评估职业安全卫生的不合格项目，并建立合理的风险评估。

② 实施完善风险管理行为的措施。

③ 清晰说明这些措施的实施方法。

检查员与检查组调查一家企业或其部门是否满足职业安全卫生要求，调查内容也包括这家企业的技术设备及其可靠性标准。

企业管理可以使企业"更安全"，将风险降至最低，由此促进企业良好运转，还能带来经济上的收益。但条件是企业管理者必须熟悉各自的任务，并让员工了解遵守各项职业安全卫生要求的重要性。

实施检查往往受到设定目标和原因的制约。实施检查活动包括：提前向操作人员宣布检查项目；按照设定期限定期完成各项检查；系统性或随机性检查。

在以下情况，应根据具体原因实施项目检查：

① 安装新设备。

② 设备投入运行。

③ 重建、大修或维护。

④ 事故或故障率上升。

⑤ 法规变化。

⑥ 企业决定提高职业安全卫生水平。

未曾宣布的突然检查，有可能看到企业真实的生产活动，但因为这种检查是突然性的，检查者与被检查者双方可能产生某种微妙的心里活动，一方面，因为事先没有准备，缺乏配合，检查人员可能无法展开全面检查；另一方面，这种突然检查行为会对另一方形成压力，使被检查人员产生不被信任的感觉，也不利于检查的成功进行。提前宣布检查有可能看到"虚假"的生产环境，然而，企业主管和员工都会被直接纳入到检查活动中，心理上不会产生抵触情绪。

而且，由于企业主管人员也加入到检查行动中，提升了风险管理在企业中的权威性和重要性。

3.5.1.1 检查人员任命

如果企业管理层决定实施安全检查，必须要确定：由谁担任检查员？谁适合实施检查活动？

检查员(或检查组)的任命受安全检查的任务、范围以及目标所限制。通常，企业自己的专业资质主管人员实施最初的基础检查。企业中员工数量越来越多、技术范围与复杂程度不断增加，对从事安全检查的独立检查员或专业检查机构的需求越来越高。因此，企业管理层必须指派独立的、经验丰富的专家负责基础性的安全检查工作。

如果安全检查太过复杂，必须由专业检查员在规定的期限内实施行动。这些人员包括不同领域的专家，但一般不超过5名。

这些安全检查员的典型特征如下：

① 能力方面：包括特殊的知识、权威性和领导力，以及职业安全卫生领域的经验。

② 个性方面：包括客观、乐于交流，具有识别环境的能力和耐心。

③ 独立性方面：最重要的是决策自由。

3.5.1.2 安全检查实施

在开展安全检查过程中，企业管理层必须要求每一名主管以及员工积极配合，安全检查不是隐蔽性活动，只有广而告之，才能使员工理解检查的重要性。

首先，必须开展企业自查。检查人员要充分了解材料流的具体部件、技术设备以及生产技术知识。预先准备好的调查表是引导专业面谈的基本工具，其目的是识别企业的强项与弱项。检查人员必须通过调查表的设定内容完成调查工作。

在填写调查表时，应该选择比较密集的一段工作时间，如：高负荷工作期间、换班、夜班期间，设备故障处理、维护、维修期间，从而积累真实信息。

需要关注并做到以下几点：

员工对各种职业安全卫生问题的反应；根据事实确认信息；监控工作程序；努力使信息具体化；预防脱离事实的指责；引导专业讨论；考虑员工的行为等。

调查表可以含有一般性问题，如：

风险最小化措施是否充分、是否起作用？填写调查表是否影响工作场所的员工？企业后勤是否能保证材料流的畅通？企业高管是否听取员工改进职业安全卫生环境的建议？员工是否具备足够的知识和经验？是否存在部分员工超负荷工作，而部分员工无所事事的现象？某些员工是否被视为有"危险性"习惯？设备故障或失效条件下，员工是否被告知应采取何种应对措施？企业的内部关系发挥作用吗？

安全检查有助于识别企业的弱项。一名检查人员不能去寻找谁有责任，他的职责是对事不对人，所有访问必须客观完成，其内容不能包含对人的指责。

3.5.1.3 安全检查评估

安全检查调查表必须考虑企业的实际情况，然后与企业遵守特定法规的情况进行对比，必须准确说明两者之间存在的差异，然后制定风险最小化或消除风险的措施。必须由企业高管处理这些结论。企业在日产管理中吸纳检查人员的结论与建议，对企业的发展最为有利。

安全检查的结果可以纳入企业风险管理范畴。在评估过程中，必须检查各项安全规定的制定和落实情况。在检查结论公布后，立即制定并执行改进方案。如果建议得不到执行，或者建议被修改，则必须说明原因。

3.5.1.4 安全检查类型

根据实施的类型与范围，安全检查分类如下：工程检查，如机械、设备、设施等；生产过程检查，如照明、消防、爆炸、有害物质技术以及重型运输等；管理检查，如个人保护与集体防护、维护、急救护理、员工参与、各项法规的一致性等。

(1) 工程检查

安全检查的最初阶段通常以技术设备为目标，这是因为技术设备运行会产生不同类型的风险隐患，而这些隐患的潜在可能性是由工程风险决定的。工程检查的目标包括工作设施(如运输机械、起重机等)、机械系统(如包装机械)、企业的技术部件(如灌装生产线)、联合工厂(如涂装车间)。

专业工程师、部门主管以及安全技术员负责实施工程检查，他们通常作为检查组成员或作为个人参加检查。建议在以下领域实施工程检查：工业机械，电工机械与设备，消防设备，脚手架，起重及操作设备，高压清洗系统，个人防护设备，输送体系，工作场所。

应该在被检查目标寿命期限的各个阶段实施工程检查。调查表的内容不仅包括设备运行、噪音与振动、温度与空调、电气设备与齿轮装置、有害物质潜在危害，还包括与各项法律、标准、指令及规程是否一致的判断、技术单元安全与保护设施的功能性、具体事故和故障的统计学评估等内容。

(2) 生产过程检查

生产过程检查中，最重要的一条是识别变化或不利事件对正常生产带来的影响。生产计划、设备安全、职业安全卫生等领域的专家团队，以及特殊生产领域的主管人员负责实施生产过程检查。应检查以下要素的安全情况：生产技术，用户手册，废弃物处理系统，危险物质检测系统，沟通系统，软件。

具体检查时，不仅要检查生产过程，还要检查与生产过程直接相关的领域，如：员工的教育程度，复杂技术中清洗设备与维修设备的处理流程，维护及故障消除流程等。

生产过程检查的准备、进展及评估方法与其他类型的检查一样。

(3) 生产管理检查：针对管理体系风险的安全检查

生产管理检查的内容包括决策层管理企业的方式、风险管理组织(管理体系)与职业安全卫生活动的效率。通常情况下，按照定期(例如每五年一次)或者意外环境的出现(例如某工作场所的事故突然增加)实施此类检查。

实施生产管理检查有助于得到如下信息：主管人员的安全意识，风险管理的理念与策略，成功的职业安全卫生管理环境、范围及质量，还可以得到有关事件的文字记录。

生产管理检查一般包括以下内容：安全法规的使用，就业协议的确认，与职业病相关的预防和治疗，教育，企业的应急预案，安全检查的实施与记录，使用其他企业的工人情况，个人防护物品的使用情况，信息流与沟通形式，维护与修理项目，秩序与清洁，职业安全卫生的理念及其目标，以及企业应对事故或故障的发生、进展与结果的调查方法，危险物质处理，材料运输的安全措施等等。除此之外，以下内容也非常重要：企业的消防观念，废弃物处理程序及其分类(环境方面)，噪音的消除或最小化措施，环境保护观念等。

企业的主管(如运行经理、部门主管)、职业安全卫生专家以及技术专家负责生产管理检查分析。如果需要，员工代表也可以成为其中的一员。

对风险管控来说，生产管理检查特别重要，这是因为：

① 此举可以澄清事实，企业高管负有提高企业安全文化的责任。

② 记录企业管理层的心态，可以考察企业管理层对待职业安全卫生问题的态度，包括这些人是如何看待批评的。

③ 有助于企业高级管理人员更集中地处理风险管控问题。

独立、高素质的检查人员必须负责生产管理检查的分析工作，独立撰写客观公正的检查结论。

参考文献

Pačaiová, H., Sinay, J., and Glatz, J. Bezpečnosť a riziká technických systémov SjF TUKE Košice Edition, Vienala Košice 2009, ISBN 978-80-553-0180-8-60-30-10.

Hrubec, J. et al. 'Integrated management system—2007', in Research and Development Projects, Košice: HF TU, 2007, pp. 33–34, ISBN 9788080738303.

Sinay, J. 'Audit bezpečnosti práce ako súčasť komplexného auditu prevádzok', Conference: Current issues of occupational safety, XI. International Conference, VVUBP Bratislava, 1998, pp. 50–59.

Sinay, J. 'Bezpečný podnik: Moderný systém integrovaného riadenia podniku', Specialized seminar, OHS as a Central Part of Integrated Management System," VSŽ, VaPC Košice, April 2000, pp. 60–77.

Sinay, J., Markulík, Š., Pačaiová, H. 'Kultúra kvality a kultúra bezpečnosti: Podobnosti a rozdielnosti', in Kvalita Quality 2011: 20, International Conference: 17, 18.5.2011, Ostrava, Ostrava: DTO CZ, 2011, pp. A21–A24, ISBN 978-80-02-02300-7.

Sinay, J., Oravec, M., Kopas, M. 'Manažment rizika ako súčasť integrovaného systému riadenia kvality', 3. International scientific workshop, Machine quality and reliability, in International Engineering Expo 98, Nitra, May 1998, pp. 92–95, ISBN 80-7137 487 3.

Sinay, J., and Pačaiová, H. 'Risikoorientierte Instandhaltung', in Technische Überwachung 44,č. 9, 2003, pp. 41–43, ISSN 1434-9728.

Sinay, J., Pačaiová, H., and Kopas, M. 'Risk management-Component of Total Quality Management/TQM/', Konf. HAAMAHA 98, Hong Kong, July 1998, pp. 316–320, 30% in Science Report—Project PL-1, Metrology in Quality Assurance Systems, CEEPUS Program, Kielce University of Technology, Poland, 1998, ISBN 83-905132-9-3.

Sinay, J., Pačaiova, H., and Oravec, M. 'Posudzovanie rizík, základný parameter konkurencieschopnosti podnikov', Acta Mechanica Slovaca 12, April 2008, pp. 51–56, ISSN 1335-2393.

Winzer, P., and Sinay, J. From Integrated Management Systems towards Generic Management Systems: Approaches from Slovakia and Germany, Shaker Verlag, Aaachen/BRD, 2009, ISBN 978-3-8322-8508-1.

第4章 风险管理的理论与应用选择

工业活动的全球化进程与劳动力市场全球化大大影响了包括风险管理在内的职业安全卫生领域。当今,企业复杂的工作与生产活动要求使用系统化的工具与控制装置,确保所有的生产与管理过程正确运转。企业管理的质量是实现生产目标的前提条件,代表了企业的竞争实力,也是在市场上取得成功的重要保障,更是企业选择商业合作伙伴的首选指标。对商业伙伴来说,通过客户检查的方式验证承包方的工作质量已经成为很自然的事情。这类检查的内容包括生产过程控制的质量水平、财务过程控制、质量与环境控制以及职业安全卫生管理等。如果一家企业特别关心自身的未来发展,那么它应该努力在各个领域透明地实施风险控制系统。

风险控制系统的实施标准是存在的,例如使用最普遍的主题文件职业安全卫生管理体系OHSAS 18001及其解释OHSAS 18002。它不是正式的国际标准化组织(ISO)标准,只是质量与环境控制领域的普通文件,但是全球大多数认证机构都执行这一标准。

国际资本的流动以及国外的管理结构为更广泛地引用职业安全卫生控制体系产生了积极影响。当下,供应商与消费者的关系越来越复杂,能够高效且顺畅地运作,恰恰得益于安全控制系统的作用和效率。

企业实施职业安全卫生(OHS)管理体系的目的在于实践。建立合适的机制,保证企业在职业安全卫生标准范围内正常运行,将不断提高企业自身的职业安全卫生质量。所有这些都将产生重要的经济效益,因为从更广泛的意义上来说,处理好职业安全卫生方面问题的同时,企业内部还形成了良好的工作环境及人际关系,这些变化将最终优化企业工作流程,并产生积极的经济价值。同时,企业内部和谐顺畅,还有助于降低生产成本,提高生产能力和工作效率,提升产品质量,给企业带来繁荣,并最终有益于整个社会。此外,处理好职业安全卫生方面的问题还具有重要的人文价值,有益于企业与国家两个层面的文化建设与社会建设。

4.1 风险管理基本程序

风险管理基本程序,包括职业安全卫生在内,可以分为以下步骤:

第一步:初步状态分析,最重要的是尽可能正确划分被定义系统的结构。划分系统结构时必须考虑以下问题：①分析生产技术中的材料流(主生产过程的输入与输出)；②定义包括设备安装与维护在内的全部运行模式下的岗位设置与人员分配；③遵守生效的法规(遵守ISO 9001、ISO 14001的要求，重点是处理安全运行与非法运行的规定)；④从技术上确定被分析企业的问题环节与节点，定义潜在的风险与隐患。

第二步：根据运行类型与法规，填写被分析的职业或活动情况一览表。这是客观评估实际环境的一个步骤。由于每个工厂都是唯一的，有各自具体的参数，因此不建议建立通用的情况一览表。制定情况一览表时必须考虑它是用于职业活动还是用于工作活动的。

尽量根据情况一览表的内容识别危险和相关危害，利用现存的有效法规加以确认。

第三步：根据危害一览表(各个情况一览表、特定职业、特定类型的危害)所述的潜在威胁，使用适合的风险评估或评价方法。

运行过程中，作为各个系统部件函数的特殊风险是给定的定量标准，例如数学值。这些标准值有助于进一步确定最终产生的风险范围。

第四步：提出降低现有风险的措施和流程。措施的记录形式通常由各个企业的内部规定来确定。归纳每种职业的所有风险时，可以确定各项措施在人-机-环境体系中的重要程度。

根据风险评估过程中收集的信息以及每种职业的风险值，可以针对特定的职业或特殊的工作场所提出具体措施，还可以就多个职业和工作场所提出综合性措施。

在风险评估时，必须考虑其他一些因素，如定义各个参数的术语解释，还应注意的是，风险最小化方法的定义要统一。

4.2 故障或事故出现的因果关系：发生故障或事故是否存在巧合

故障或事故是造成人身伤害并损害技术系统的突发事件，并且会导致正常的运行环境停歇或崩溃。为了阻止和消除故障与事故，必须系统性分析、识别与说明这类事件的原因与进展。依照收集的事故信息，可以提出预防措施。除非按时识别、减少或消除已经出现的故障和事故原因，否则它们将成为未来潜在不利事件的原因。

图4.1显示了故障或事故发生的因果关系，其中包括了5个随时间变化的阶段：危险、威胁、发生、损坏、伤害。这种方式形成的函数关系适用于所有类型的故障与事故，因此，它们的发生不是巧合，而是按照若干规律必然导致的结果。在

实践中,关键是熟悉这一因果关系的进展,建立终止这种关系的体系,从而防止故障或事故的发生。

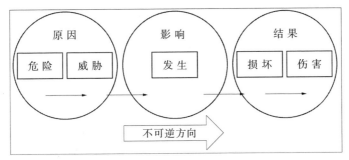

图4.1 故障或事故发生的因果关系

不利事件的发生及其各个阶段的相互因果关系如图4.1所示,这一过程不可逆,也就是说,它只按一个方向发生,过程的各个阶段按顺序发生。

4.2.1 导致故障或事故因果关系各阶段定义

作为最常用的机械系统之一,起重机配置各类逻辑系统,属于一种高风险水平的技术设备,设备运行时涉及重力作用。本文将通过起重机说明故障或事故发生因果关系中各阶段的相互关系。

4.2.1.1 危险(safety)

危险是指会对机器、目标物、技术、事件或人(民事安全情况下)造成损坏,继而是伤害等不利事件的性质与几率。如果不发生危险,即危害未实施,则就科学分析而言,此类危险无需关注。这些情况下,不会对特定目标产生损坏或伤害。

例1:塔式起重机。有可能导致倒塌的特征结构,会造成人员与技术方面的损失。通常,起重机在不超载起吊物品,没有强风和不可抗力(例如地震)情况下,一般不会出现损失与伤害事故(见图4.2)。

例2:移动式起重机作为一种弹性结构,其动力学特征会产生振荡,进而传递给操作人员的操作区域,即驾驶舱。振荡是因为移动式起重机在运行过程中发生不稳定事件。这类危险包括:

① 工作运动的惯性作用——启动、制动。

② 起重机导轨的随机性几何偏差——导轨不均匀。

③ 滑轮磨损。

④ 附加在悬挂装置上的载荷振荡(见图4.3)。

⑤ 撞击减震器等。

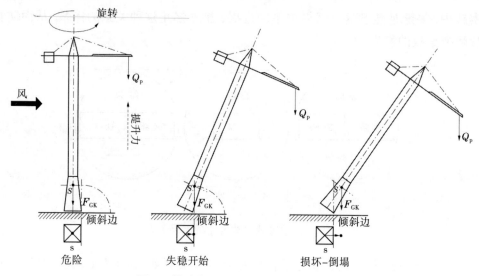

图4.2 塔式起重机失去稳定性示意图

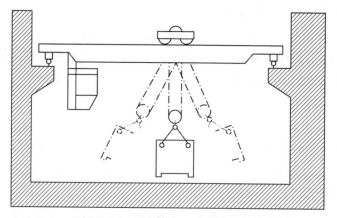

图4.3 已识别危险——载荷振荡

4.2.1.2 威胁(Hazard)

威胁是指人或机器等目标物在定义的空间与时间内能发生危险的状态。当目标物开始运行,同时有人或物在目标物的工作区域内时,威胁即刻出现。

例1:塔式起重机启动运行后,人或某些材料进入工作区域。工作运动使载荷在悬挂装置上振荡(见图4.4)。可以确定,这种情况下有些区域存在威胁。

例2:移动式起重机运行后发生类似情况。起重机运行情况下,工作运动造成载荷振荡,从而使进入工作区域的人或材料处于威胁之中(见图4.5)。

在有些国家的特种文献和标准中,危险事件和危险情况都涉及到威胁。

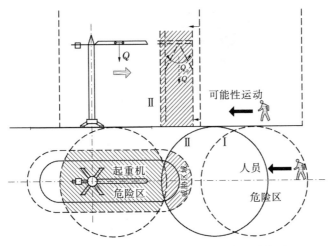

图4.4 塔式起重机运行过程中的威胁示意图

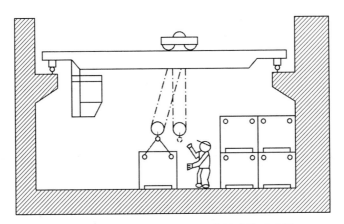

图4.5 移动式起重机运行过程中的威胁示意图

4.2.1.3 风险

在所有语言中,风险一词都被定义为一种(潜在)威胁程度,它的重要性被定义为危害、伤害和事故等不利事件发生的可能性(P)与危害、伤害和事故等发生后的影响(C)之间的关系:

$$R = P \times C \tag{4.1}$$

其中,风险表示威胁程度,两个参数都取决于环境因素的数量,这也反映在它的定量评估方法中。危害、威胁以及风险与单一不利事件有关,且相互之间存在直接联系(见图4.6)。如果威胁被看成某一不利事件的基础因素,则危害会形成威胁源,风险决定(潜在)威胁的程度与大小。

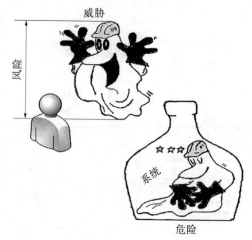

图4.6 危险、危害和风险之间的关系

4.2.1.4 不利事件的发生

在不利事件发生的因果关系中,这是一个关键阶段。在这一阶段,产生打断系统平衡的推动力。产生推动力的可以是人(例如不当操作行为)、技术(例如有问题的安全设备、移动式起重机操作人员的座椅使用了不适合的悬挂系统,但终究是人造成的),以及环境(例如移动式起重机运行过程中未明确的非稳定事件、影响起重装置运行的风、地震影响或土壤的地质结构等)。多数情况下不能准确确定何时发生不利事件,从预防措施的角度看,通过不利事件的发生进行预防是最缺乏效率的。举例来说,在移动式起重机驾驶舱中的人员受振荡影响情况下,则以振荡频率与实际加速的范围确定损害能否发生。时间期限作为数学分析的一部分,也是动力学体系的参数之一,被定义为操作人员在驾驶舱振荡环境下的持续时间。超出这个时间期限,可以认为是不利事件的发生时间,并且振荡最终还带来人员健康问题。

4.2.1.5 损坏

这是发生不利事件因果关系的活动阶段。从有效措施上看,一般情况下,这一阶段关键是要尽可能准确地将这一过程的进展情况定义为时间函数或者利用周期。可以将损坏过程的进展描述成流畅的连续损坏[具有随机性或确定性,见图4.7(a)、图4.7(b)],并且具有骤变特征,例如铁的疲劳损坏、磨损或腐蚀造成的损坏[见图4.7(c)],还包括玻璃等脆性材料的损坏、钢丝绳断裂时的强制失效、电路故障等。

必须将可以使用预防措施(终止不利时间发生的因果关系)的损坏阶段定义为

时间函数,这是因为对函数的理解决定着有效预防措施的选择。

为了能在损坏阶段使用有效的预防措施,必须满足以下条件:①必须确定损坏的发生、类型及进展,例如钢结构件疲劳断裂进展;②在损坏过程中被评估目标必须完全函数化;③通过检测链必须能定量评估损坏过程。

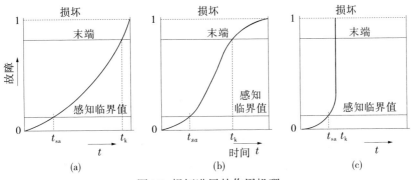

图4.7 损坏进展的作用机理

在进行工业设备风险控制时,了解损坏阶段的进展是选择维护、检查和核对方法(即降低风险的方法)的关键。

损坏的发展过程大致分为两类:递进型和渐减型。从效率与风险最小化预防措施角度来看,在损坏过程中,达到不利活动感知临界值的时间(t_{sa})与故障发生前的时间[即达到临界状态的时间(t_k)]都可能是最长的过程,代表递进型损坏过程(见图4.8)。

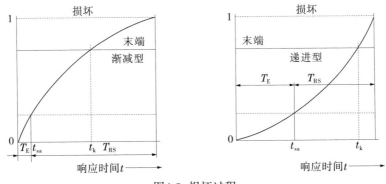

图4.8 损坏过程

为了实施有效预防措施,以下工作是必不可少的:①确定渐进式损坏过程,如有可能,应提前在设计、规划或制造阶段加以识别;②提出降低损坏过程强度的建议措施,例如现代工业设备维护方法;③ 建立备用体系,例如飞机的多套机电系统。

4.2.1.6 损失

损失的定义如下：物理性伤害或健康伤害，和/或造成目标物丧失功能的机器故障或损坏，例如设备与综合机械体系的功能能力损失或健康与环境损失。

4.2.2 不同标准中故障或事故发生因果关系的术语用法说明

标准不具有约束性，并且不得有约束性。它们只表示在缺少其他科学合理的方法时，希望处于"安全状态下"的专家遵循的最低标准。但是对于定义中可能存在的差异，根据斯洛伐克共和国有效的标准(且多数情况下符合欧盟标准)，向读者提供一些所选术语用法说明。

4.2.2.1 EN ISO 14121-1设备安全风险评估基本原则

可以说，这是英文版ISO 14121-1标准的翻译版。英文版ISO 14121-1标准是由ISO/TC 199机械设备安全技术委员会与欧洲ECN/TC 114机械设备安全技术委员会联合制定而成，它们的总部位于德国柏林——德国标准化学会(DIN)，因此德语是欧洲标准(EN)ISO 14121-1的起草语言。该标准替代了同样由德国专家制定的斯洛伐克技术标准的欧标(STN EN)1050；这是一个"A"类标准，即初级(通用)安全标准。

在标准中，术语威胁与危险按同义处理(第2条第3款)。假设在标准的翻译过程中，斯洛伐克按照英语hazard(威胁)一词翻译nebezpečenstvo与ohrozenie，该词在国际性组织中尚未出现明确的同义词，来自实践的专家以及科学家用它表示ohrozenie，即活跃的危险。而德语中这两个词都有明确的定义，Gefahr表示危险(danger)，Gefährdung表示威胁(hazard)。

作为设备、目标物、技术、事件以及人员(民事安全)造成损坏的特征，危险之后就是伤害——不利事件。如果危险不活跃，也就是说危险未实施，则不需要考虑科学分析。在此环境下，所谓危险不会对特定目标物构成损坏或伤害。

① 存在危险的区域是一个有威胁的空间。从德语词源上看，该词等于术语"有危险的空间"！

② 存在危险的事件是与威胁有关的事件，危险程度变得很活跃；这是会造成伤害的事件！

③ 存在危险的环境是指一人或多人暴露在至少一种标准威胁下的状态。

4.2.2.2 EN ISO 12100-1机械设计的设备安全、基本术语与通用原则——第1部分：基本术语

无论是基本原则还是标准，都不能辨别危险与威胁。其他术语等同于EN ISO 14121-1 标准中的术语。

4.2.2.3 职业安全卫生管理体系OHSAS 18001

本标准是最常用的职业安全卫生管理标准,它将危险与威胁定义为"一种可以对健康造成损坏、伤害或两者兼有的潜在来源、环境或活动。"

很显然,在分析发生损坏和伤害、确定不希望(不利)事件来源的过程中,职业安全卫生管理和风险管理中的不一致与不明确的基本术语定义会得出错误的结论。建立一种降低各行业和生命(包括个体生命)历程风险的有效程序,也是科希策工业大学机械工程学院安全与质量系应用的程序,依据的是分析故障或伤害、通常是不利事件发生因果关系时明确规定的定义。

4.2.3 预防事故发生的有效措施基础理论

所有的有效风险管理体系和职业安全卫生管理体系预防措施,其基本目的首先是分析机械系统所有环节(机械特性、技术、材料、工作环境、自身环境等)在整个生命周期内各个阶段发生不利事件的因果关系,从而开发出可在早期阶段中断因果关系的方法。任何一种伤害(即损坏阶段)都意味着企业效率受限、成本增加(例如2010年初的丰田汽车召回事件),如图4.9所示。

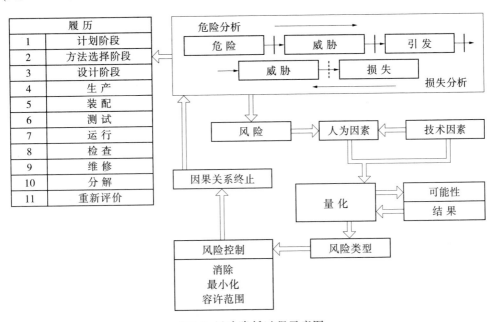

图4.9 风险降低过程示意图

来源:职业人因工程学手册(Boca Raton, FL: CRC Press, 1998), 1921

预防不利事件发生的措施如图4.10所示。

① 重点是对存在的威胁或危险进行伤害分析,在某些情况下这是比较有效

的方法,但它必须基于已经发生的不利事件,图4.10中标为①。

② 进行威胁或危险分析,重点是识别潜在伤害,这是一种假设事故不实际发生的方法,图4.10中标为②。

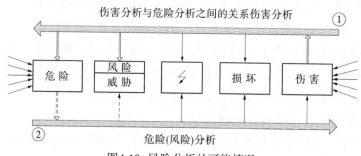

图4.10 风险分析的可能情况

目前,存在各类使用信息技术(其中包括VR虚拟现实技术)模仿设备、工艺以及人类行为的方法,因此,以因果关系早期阶段分析为基础的案例越来越多。

4.2.4 风险因果关系控制实例:移动式起重机振荡造成的操作人员职业病

就中断移动式起重机操作人员职业病的因果关系来说,必须考虑到运动结果使作用力从源位置顺着整个机器结构流动这一事实(见图4.11)。移动式起重机的运动将振荡传递到操作区域,即驾驶舱。一般情况下,驾驶舱是固定在移动式起重机钢机身上的机械装置,这就使振荡直接传递到驾驶舱,进而传递到驾驶人员全身。

① 从终止损坏阶段因果关系的角度来说,可行的办法是在振荡信号出现早期,立即终止操作人员的起重作业。另外,出现振荡后必须确保操作人员的身体情况得到有效诊断。同时,针对这一职业特点,应制定合理的操作人员体检制度。

② 使用早期阶段终止因果关系的前提条件是:安装在线系统,监控运行环境,记录实际工作时间、起重机工作负荷以及振荡频率及其特征。为了避免起重作业的时间期限超出允许值,按多准则函数进行参数评估,确定起重作业的时间间隔。

③ 在威胁阶段中断因果关系是机器设计时使用的理想方法。这类措施包括:灵活有效的驾驶舱悬挂——降低对操作人员的振荡影响;应用起重机远程控制——将操作人员转移到作用力体系外,使其适度远离起重机机体,但还在起重机工作区域内;使用自动化移动式起重机——使操作人员彻底远离起重机机体及其工作区域。

可以认为上述措施都是有效的,但应用时必须考虑经济因素。

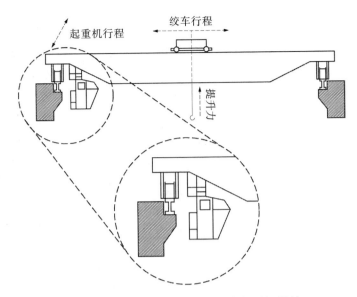

図4.11　确定驾驶舱位置的移动式起重机设计

来源:《生产与服务行业人员因素、人类工程及安全进展》

(Boca Raton, FL: CRC Press, 2011), 826

4.3 一体化风险管理方法

当前,欧洲技术设备安全领域的法规基于机械设备标准一体化指令42/2006/EC。根据该指令附录1第1.1.2节b段内容,生产商将实施如下措施:

① 尽可能消除或降低风险(将安全纳入机械设备设计与制造中)。

② 对于不能消除的有关风险,采取必要的保护措施。

③ 必须告知用户因所用保护措施存在不足而残留的隐性风险;还必须说明是否需要各种特殊的培训。

应用的措施必须集中于消除机械设备寿命周期内的风险,包括运输、组装与分解环节,以及停机、处理或再利用环节的风险。

这些要求规定了设计人员、生产者以及设备用户的活动准则,这些活动包括风险控制体系的所有实施程序,在风险控制体系中,这是以机器生命周期内各个阶段事故或故障发生因果关系的应用原则为基础的。

根据法规内容,为了确保设备生命周期内的运行安全,对第一阶段(即机器设计阶段)提出了很高的要求,这一阶段也是采取措施终止事故或故障发生的最有利阶段,在此阶段可以制定设备生命周期内各个阶段的有效风险控制措施。

图4.12为设备设计和使用阶段风险范围与风险评估方法的相互关系。

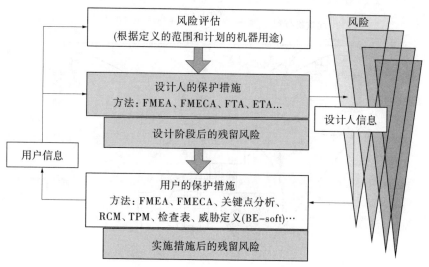

图4.12 降低风险的程序与方法

4.3.1 风险评估的方法与程序选择

系统性风险评估理论与应用是有效风险控制过程的重要组成部分。风险评估方法可以做到风险量化,从而为高级管理人员提供降低人–机–环境体系中风险的相关信息。以下观点可以作为选择风险评估方法的基础:

① 为了达到安全状态,仅仅按照法规与标准实施措施远远不够,还必须以高于法规的要求评估风险。

② 不存在绝对的安全,因此也不存在零风险。

③ 所谓安全,必须容纳一定程度的潜在风险。

④ 可以接受的风险范围并不固定,会随着技术与文化的发展水平以及科技领域的变化而变化,因此,在安全领域始终存在改进的空间。

⑤ 即使经过风险评估并引入恰当的措施也不能保证不出现伤害、故障或其他意外事件,因此,预防性措施必须包含事故处理的准备措施。

⑥ 必须向员工、用户以及其他相关人员告知现存的隐性风险。

⑦ 风险评估方法确定了所提供的程序,一方面可全面、系统地评估可能造成伤害的各种情况,另一方面可关注最为严重的问题——最高风险源。

⑧ 必须确保从事风险作业的人员实施风险管控,例如设计者在设计阶段、生产者在生产阶段以及员工在各个生产环节,都应该实施有效的风险管控措施。

准确理解这些原则且正确掌握各种风险评估方法非常重要。但在实践应用中做到这一点并不容易,仍然面临许多问题,尤其是在缺乏风险管控专家的中小型企业更是如此。

目前,存在多种实施风险评估的程序。通常情况下,这些程序由以下主要步骤组成:①识别危险与威胁。②评估威胁程度,即风险评估。

如何选择正确的风险评估方法,取决于以下问题的答案:

① 风险评估的目的是什么(满足法规要求和/或降低风险)?

② 得到第一个结果的时间跨度预计是多少?

③ 风险评估是检查的构成部分还是单独的程序?

④ 风险评估的实施人员与实施方式是什么?

风险评估过程中的分析内容包括收集与分析的信息量、时间消耗。

在识别危险与威胁过程中,使用了以下表型分析:检查表;格式表格分析;表型领域分析;情况一览表分析;检查设备是否符合STN EN ISO 12100-1,2或STN EN ISO 4121-1等标准要求。

风险(R)是指发生不利事件的可能性(P)与潜在伤害、健康损伤或危害结果(C)的结合(函数),风险=可能性×结果。

风险可以定义为:

$$线性函数:R=P \cdot C \tag{4.2}$$

或更准确地定义为:

$$笛卡儿乘积:R=P \times C \tag{4.3}$$

$$或用非线性函数:R= f(P, C) \tag{4.4}$$

在风险评估的实践应用中,有时适合使用多参数法,例如可以是扩展形式的风险定义:

$$R=P \times C \times Ex \times O \tag{4.5}$$

式中:Ex为威胁影响有问题目标物的持续时间或暴露时间;O为使用保护性措施的可能性。

然而,风险受到的影响因素远多于风险扩展形式定义中所包含的因素。可以将这些因素分类如下:

① 可测因素:例如暴露时间(Ex)、事件发生的速度(Sa)、危险中的人数(Np)、损失值(Vl)以及质量(W)、速度与加速度(Sm)以及高度(H)等系统参数。

② 不可测因素:例如可能性危险的识别能力(Ih)、事件发生的观察能力(Im)、操作人员的资质(Q)、人员因素(Hf)、环境影响(Ei)、维护与检查质量(Mc)、系统复杂性(Cs)以及事故措施(Am)等。

在确定可能性与结果参数的过程中需要考虑各种因素,这会使数值更准确。以下函数代表了这些因素:

$$P = f(P, Ex, Sa, W, Sm, Ih, Im, Q, Hf \cdots) \tag{4.6}$$

$$C = f(C, Np, Vl, W, H, Am, Im \cdots) \tag{4.7}$$

此外，也可将风险表示为包含人–机–环境体系在特定条件下的多参数函数，则风险被理解为：

$$R = f(P, C, Ex, Sa, W, Sm, Mc, Ei, Ih, Np, Vl, Q, Hf \cdots) \tag{4.8}$$

在风险评估过程中，评估后的风险按风险强度分成若干风险组。

只要能明确并量化评估风险参数，就可以有效确定风险，即不利事件发生的可能性与结果；这包括整理各种有关伤害、事故、故障的详细数据，以及可以用噪音、振动、灰尘、化合物含量等明确数值量化的风险(威胁)评估技术。如果是技术风险，在某些场合可以通过财务方法确定结果，但是该方法只适用于保险覆盖的事故范围。

4.3.2 风险评估方法

风险评估或评价过程中使用的方法有：风险矩阵(目前常用在职业安全卫生领域)；风险图；数字化点风险评估；量化风险评估；综合法(混合法)。还可在专业书籍中找到其他的风险评估方法。

4.3.2.1 风险矩阵

该风险评估方法简单，应用范围很广。它是以评估已识别威胁的可能性与结果为基础，主要目的是评估风险范围，或提供必要的风险评估信息(见表4.1)。

表4.1 风险矩阵(6×4)

发生可能性	定义的频率 (按年)	影响强度			
		非常严重	严重	重大	轻微
经常	>1	V	V	V	S
很有可能	$1 \sim 10^{-1}$	V	V	S	N
随机	$10^{-1} \sim 10^{-2}$	V	V	S	N
低	$10^{-2} \sim 10^{-4}$	V	S	S	N
不大可能	$10^{-4} \sim 10^{-6}$	V	S	N	Z
几乎不可能	$<10^{-6}$	S	S	Z	Z

注：V为特高风险，S为中等风险，N为低风险，Z为可忽略风险。

本方法的不足之处是使用了"生硬"的非数字化值，即用口头定义的值量化可能性参数和不利事件的结果。由评审人员选择评估标准，将风险分成不同类别，其结果往往会产生偏差。

4.3.2.2 风险图

该风险评估方法是用图来表示风险评估的结果。它是以决策树为基础，其中每一个节点都代表一定的量或风险参数,例如结果、发生的可能性、不利影响暴露的频率等。图的方向代表给定参数的严重程度(重要性)。风险图简单,用图说明各个风险参数有助于制定决策,将风险降低到预期水平(见图4.13)。

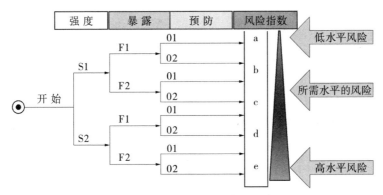

图4.13 显示目标水平风险的风险图

S—伤害/损害强度;S1—轻微(轻微伤害,可逆),例如擦伤、切伤;S2—轻伤(通常不可逆,包括死亡)、
骨折、截肢或压碎…;F—威胁影响的频率和/或持续时间(暴露E);F1—每次转换两次或以下
(随机),或最多暴露15min(短期暴露);F2—每次转换两次以上,或暴露超过15min;
0—预防或降低伤害的可能性;01——定条件下可能(例如部件速度
低于0.25m/s,员工穿戴个人防护装备…);02—不可能

由于决策树有两个以上的分支,也就是说,如果给定的参数有3个选项,例如不希望事件发生的可能性P由$P1$、$P2$和$P3$三个值来确定,则图形就变得复杂且难以阅读。此种情况下,就需要将风险图与风险矩阵法结合使用(综合法)。本方法考虑了更多可能的威胁影响参数,分类取值的多少取决于企业风险评估专家的主观评估。

4.3.2.3 数字化点风险评估

本方法常用于初步选择有威胁(危险)的设备与机械系统时的定性方法。该方法利用了一个点或权重,表示风险参数的重要性或强度,从而定性表达了被观察体系或活动的"风险水平",最终结果是风险参数的数字化合并值。

可以将方法的各个步骤说明如下。

① 发生事故的可能性参数P可以用数字化点评估:

a.非常有可能的事件发生:$P \geq 100$(几乎肯定);

b.可能:$99 \geq P \geq 70$(可能发生);

c.不可能:$69 \geq P \geq 30$(事件发生的概率很低);

d.极不可能:$29 \geq P \geq 0$(可能性接近零)。

② 事故结果参数C可以分类如下：

a.非常严重：$C \geq 100$；

b.危险：$99 \geq C \geq 90$；

c.一般：$89 \geq C \geq 30$；

d. 可忽略：$29 \geq C \geq 0$。

可以将最终的风险评估关系定义为全部可能性和结果参数之和，具体如下：

$$R=S+C \tag{4.9}$$

式中：R为系统风险的点评估。

通过点风险评估的实例见表4.2。

表4.2　风险数字化点评估与评价

危险	威胁	P	C	R/程度	降低风险	P	C	R/程度
可移动部件 (冲压，工件)	与活动 部件接触	80	95	175/高	保护罩	30	95	125/中等

4.3.2.4 二元参数风险量化评估(例如MIL STD 882C)

如果人–机–环境体系各元素之间缺乏清晰的界面，并且评估过程很难确定不利事件的可能性(频率)与结果值，则采用不可测的量化法评估风险。这些方法中有美国国防部制定的、主要用于中小型企业并且使用频率非常高的MIL STD 882C方法。

根据明确定义的可能性、结果、风险关系矩阵，实施定量风险评估(见表4.3)。上述基于数字化点的方法在1~20个数字化点之间规定了四个风险等级。因此明确了风险等级，可以采取针对性措施，从而消除或降低风险。

表4.3　风险矩阵

可能性/重要性	I级 灾难性风险	II级 严重性风险	III级 关键性风险	IV级 轻微风险
A.频繁发生	1	3	7	13
B.很可能发生	2	5	9	16
C.偶尔发生	4	6	11	18
D.极少发生	8	10	14	19
E.不大可能发生	12	15	17	20

表4.4说明了一组机械威胁风险评估实例。很明显，发生起重机卷绕时导致的风险是不可接受的，员工应该采取措施使风险水平降到可接受范围内；还应该按一定的时间间隔进行设备检查，或者将此项检查制度作为企业内部检查的一个组成部分。

表4.4 风险水平

数字点值	风险水平	数字点值	风险水平
1~5	不能接受	10~17	需检查才可接受
6~9	不希望出现	18~20	无需检查就可接受

在实践中,经常使用基于数字化点的方法评估各类机械设备的风险。将风险和结果进行分类是以人的主观评价为基础的,这就要求评估人员具有较高的风险评估和管控水平,这种方法的适用范围受这一现实情况的制约。

4.4 起重机与风险分析

起重机是在规定区域垂直与水平移动载荷的吊装设备。起重机的运行特征决定了其存在严重的潜在危险源,因此,这类机械被纳入受限制技术设备类型。

根据故障模式与影响分析法(FMEA),可以对威胁程度进行分析,从而确定特定设备因故障产生的风险等级。例如,移动式起重机的升降机构(绞车,见图4.14)执行以下工作:用悬挂机构升降负荷;在三维空间移动负荷;处理悬挂设备上的负荷,例如抓取、倾倒钢水包等。升降机构的主要部件包括:电机;钢丝绳卷绕鼓轮或链轮;鼓轮、滑轮与车轮的轴承与齿轮;钢丝绳与链传动滑轮;轴、轴承及其他传动滑轮配件;悬挂部件(钢丝绳与链条);裸露在外或装于箱内的齿轮传动机构;联轴器;制动器;控制限位开关的机构,配有挂钩的滑轮组等。

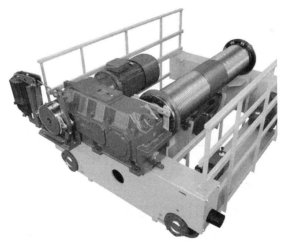

图4.14 移动式起重机的升降机构——绞车

为了识别危险,需分析以下项目:制动器电机;电机轴与齿轮箱之间的联轴器;齿轮箱;齿轮箱输出位置的联轴器;钢丝绳鼓轮、限速器、限载器;钢丝绳;约束装置。

根据详细的分析，包括对起重机运行过程中故障与事故的统计，已经识别出以下威胁：制动器故障，致使制动器无法使用，如压力弹簧断裂；制动器内衬过度磨损；电机转子轴承故障；功能连接部件的机械故障；齿轮损坏；载荷限制器故障；电线破损；绳结、环结，变形、卷曲的钢丝绳、钢丝绳的挂篮变形；悬挂装置不合适或损坏等。

使用FMEA法，量化分析起重机制动器故障风险实例见图4.15。从图中可以看出，制动器d112与d113存在最高等级的风险。从移动式起重机用户的角度看，在运行过程中要特别关注起重装置的功能部件，采取有效的维护控制方法。就职业安全卫生而言，可以得出这样的结论：制动器故障造成了最高等级的风险。因此，在负荷升降过程中，必须确保不能有人出现在起重机工作区域。这一规定应纳入起重机安全操作法规中。

组 织			危险、威胁与风险识别								处理对象：		XI.00
											检查对象：		
设备名：移动式起重机250t 部件名：起重装置/绞车250t											页码：		
											作者：		科希策 工业大学
												SU	
编码	危 险	威胁(故障形式)	后果	原因(故障)	检查次数	VZ	VY	OD	MR/P	Q	E	S	备注
d111	盘式制动器BKD 630-盘式	松 开	修复	发动机与齿轮箱错位	每周1次	3	3	5	45	N	N	N	
d112	盘式制动器BKD 630-盘式	盘孔	修复	磨 损	每周1次	6	5	5	150	N	N	N	
d113	盘式制动器BKD 630-联轴器	孔	修复	错位和螺钉松动	每周1次	10	4	5	200	N	N	A	维护—限制空间
d114	盘式制动器BKD 630-插销与铸件	噪音	修复	磨 损	每周1次	6	3	5	90	N	N	N	

图4.15 起重设备制动器的FMEA分析法

4.4.1 在起重机工作场所的应用

在人-机-环境体系中，应通过分析技术、工作组织过程以及操作人员的工作环境之间的关系，评估升降设备运行过程中的人为因素。应特别注意在设备投入运行前实施风险预防措施。因此，在起重机运行之前确定风险等级比较有效，如有可能，在设计阶段就应该尽可能将风险等级最小化。据此，确定了以下优先事项：通过安全的起重机设计消除或降低危险；设计阶段未能消除风险，则启动保护性措施；将起重机运行过程中可能出现的残留威胁告知用户。

威胁分析与风险评估的结果是企业选择有效方法降低风险的决策管理基础,起重机生产企业与用户都可以为降低设备运行风险做出贡献(见表4.5)。

表4.5 风险评估实例

威胁分组	威胁类型	危 险	主要危险类型的相关法规	可能性	后 果	风 险
机械类	切 割	刀	xxxxxxxxxx	B	IV	16
机械类	卷 绕	绞车	xxxxxxxxxx	A	III	7

政府管理机构向不同机械设备用户发布不同的资料与手册。在欧洲市场,设计人员可以得到大量含有各种法规与标准的手册。这些手册每年进行更新,补充最新的实施法规,例如位于德国曼海姆的国际社会保障协会(ISSA)机械设备安全分会的手册。表4.6与表4.7以桥式起重机为例,列出了一些机械和热工方面的威胁等级。

表4.6 选择的机器与机械系统生产商及用户的部分责任

生产商	用 户
安全设计	教育,培训
自有的/内部的/安全的	个人保护装备
技术保护措施	组织措施
有关残留威胁或危险信息的用户手册	残留风险–可接受风险
	详细的、持续的更新

表4.7 部分危害类型

分厂名:	钢铁厂	
设备:	驾驶舱型移动式起重机	单号:
相关系统:	转换器	日期:
职业:	起重机操作员	编写人:科希策工业大学
位置:		

威 胁	危 险	风险说明
机械类	压倒,粉碎	运行及运行后在起重机上及其周围移动——栏杆、安全开关 攀爬起重机——阶梯保护、封闭装置 起重机启动与制动、斜拉过程中的载荷振荡 停留在载荷处理区域——培训与实践 处理悬挂载荷
	切断,剪切	钢丝绳检查与维护 锐边
	卷绕	电机、卷取机构——保护盖、警告标志、鼓轮、滑轮组
热学类	火焰燃烧	运行过程中的火灾
	辐射燃烧	在火灾期间与液态金属飞溅时
	飞溅引起的燃烧	液态金属飞溅

4.4.2 一体化法评估工作场所的风险

国际社会保障协会机械设备安全分会制定了工作场所风险评估方法。使用该方法时,既要考虑被分析体系中可以忽略的元素,又要特别重视那些应该给予密切关注的元素。在本方法中,"系统"是指一组有助于某一活动的元素。存在人员风险的体系包括:在某一工作过程中起作用、并使用特殊工具与辅助措施的人员因素(能力)。本方法的主要原则是将"点"正确分配给各个系统元素,同时确定可接受的风险范围。在风险评估过程中,最容易出现问题的是评估人员。为了减少人为主观因素,最好是让相同的人或专家团队进行评价。"点"被分配给工作过程中存在的各个系统元素,通过被分配的"点"完成最终的风险评估。

4.4.2.1 设备风险评估

评估建议

1.潜在伤害的确定

有轻微结果的危险伤害
(扭伤、挫伤、轻微割伤)   1

有严重影响的危险伤害
(骨折、深度割伤)

有永久性结果的危险伤害
(死亡)   10 $S=\Box$

2.暴露危险(频率与持续时间)   1

暂时性轻微暴露(运行良好的自动化设备,很少干预)
经常反复出现的暴露(工作循环中受影响的手)

频繁或持久暴露(人工活动,例如工具替换)   2 $Ex=\Box$

3.发生危险情况的可能性(设备因素相关)

低(没有危险元素,可靠的、实用的、安全的保护设备,
关闭安全开关)   0.5

中(完整的保护设备,处于良好但不实用,因此许多完
成的活动没有保护设备)

高(保护设备缺少或不足,有可能危及运行的机器)   1.5 $Wa=\Box$

4. Skoda预防与减少的可能性

大 (警告员工预防伤害)   0.5

小(危险影响过程突然而且意外)   1 $Ve=\Box$

设备因素的最终评估: $M=\Box$

$$M=S \times Ex \times Wa \times Ve$$

(4.10)

工作过程风险评估步骤如下:

① 项目整体风险的评价;

② 环境影响的评价;

③ 对个人处理风险的能力进行评价;

④ 最终风险计算;

⑤ 对比计算风险与可接受风险;

⑥ 引入措施。

4.4.2.2 环境影响评估

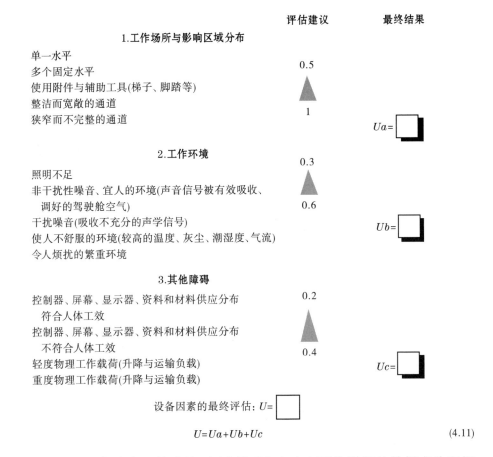

$$U=Ua+Ub+Uc$$

(4.11)

上文中分配的各个点只是建议,评审员可自由建立更为详细的数据点分配规模,但不得改变文中分界点的值。

若R_A=15是被分析移动式起重机职业类别可接受的协议值,则可以认为,起重机操作人员的职业不是一个需要立即大量引入减少风险措施的职业。

4.4.2.3 个人处理风险的能力

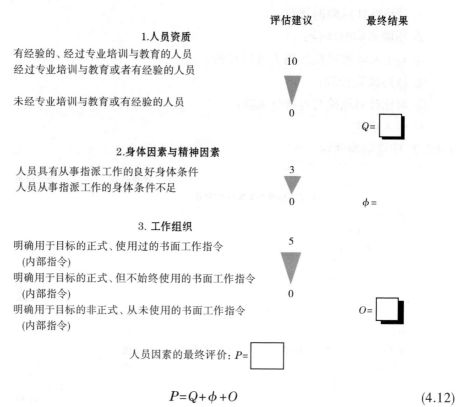

$$P=Q+\phi+O \tag{4.12}$$

整体风险计算如下：

$$R=M\cdot U-P\cdot (M/30) \tag{4.13}$$

图4.16举例说明采用多参数法(10个标识符)评估移动式起重机操作人员的风险。对于工作过程中所有任务来说,在执行风险分析方面,移动式起重机的工作环境都是明确的。考虑到起重机的工作范围和特点,对起重机操作人员实施风险分析是必不可少的。此外,该方法还适用于吊运工,以及现场所有监护人员。

虽然有些国家的法规不明确"可接受风险"这个术语(被视为存在缺陷),但是在许多场合,使用的术语是"残留威胁",这是一句补充术语(指令),目的在于消除或减少威胁。在实践中,只有在数量有限的特殊环境下(例如未实施作业的起重机、由固定悬挂消除的载荷振荡等)才可能彻底消除威胁(风险)。从实践的观点看,消除或最小化威胁(风险)的措施是存在且有用的,但必须按"可接受"的威胁(风险)等级标准实施最小化。而"可接受"的风险等级标准由设备(移动式起重机)用户根据自己的意愿来确定。

日期:		工厂:		
体系:	钢结构起重机	评估人:		
职业:	起重机操作员	姓名:		
风险参数		标 签	最终结果	间隔值
设备的影响				
说明可能的伤害	严重的伤害，非常情况下后续死亡	S	7	1~10
持续/暴露/威胁	处理液体被终止，不连续	Ex	1.1	1~2
威胁发生的可能性	基于经验，可能性不是特别高	Wa	0.7	0.5~1.5
破坏故障机制	意外事件发生后，不可能破坏它	Ve	1	0.5~1
$M=S.Ex.Wa.Ve=$			5.39	0.25~30
环境的影响				
工作场所布局	普通的驾驶舱，仅部分满足要求	Ua	0.7	0.5~1
工作场所的环境	驾驶舱无空气调节，存在高温、灰尘和呼吸等严重影响	Ub	0.5	0.3~0.6
其他阻碍	驾驶舱振荡(震动)，噪音	Uc	0.3	0.2~0.4
$U=Ua+Ub+Uc=$			1.5	1~2
操作人员的影响				
操作人员的资质	指令要求操作人员具有资质；经验不足	Q	8	0~10
心理因素	操作人员工作压力大；处理有害物质	ϕ	2	0~3
工作组织	不是都能得到操作人员手册和说明书	O	3	0~5
$P=Q+\phi+O=$			13	0~18
风险值				
$R=M\cdot U-P\cdot(M/30)$			5.749	0~60
风险评估:	可接受风险:	5.749<15		
备注：评估风险参数时，考虑可能不适合的工作环境，由专家团队按照对工作场所的观察确定				

图4.16 评价起重机操作人员职业的具体实例

在冶金生产技术方面(钢铁厂)，移动式起重机的负荷主要是充有液态钢的钢包。利用FMEA分析法，评估了移动式起重机作业所涉及的各种风险，评估范围包括钢结构起重机的运行(其控制是由起重机驾驶舱内的操作人员完成的)、起重机工作区域内现场监控人员的活动。评估结果见表4.8。

表4.8 移动式起重机工作场所的风险对比

职业	S	Ex	Wa	Ve	M	Ua	Ub	Uc	U	Q	Fi	O	P	风险
液态钢监视人员	10	1.5	1.2	1	18	0.8	0.6	0.3	1.7	8	1.5	3	13	23.1
装料起重机操作人员	10	1.1	0.7	1	7.7	0.7	0.5	0.3	1.5	8	2	3	13	8.213
浇铸用起重机操作人员 240t	7	1.1	0.7	1	5.39	0.7	0.5	0.3	1.5	8	2	3	13	5.749
浇铸用起重机操作人员 220t	7	1.1	0.7	1	5.39	0.7	0.5	0.3	1.5	8	2	3	13	5.749

从表4.8可以明显看出，现场监控人员的工作要比驾驶舱中起重机操作人员危险得多。装料用起重机操作人员的风险等级要高于浇铸用起重机操作人员，这是因为液态钢在充填转化器时存在飞溅的威胁。评估结果支持这一假设。如果企业的管理部门认为操作人员的风险等级太高，不可接受(如图4.16所述)，则使用"人性化驾驶舱"，改变参数Ub(0.5变为0.3)和Uc(0.3变为0.2)，降低整体风险等级。通过有针对性的措施，可以降低现场监控人员的风险等级。也就是说，变更监控地点以及数据传递类型，从而减少暴露时间Ex，并降低危险伤害发生的概率Wa、Ua、Ub。

4.5 小结

风险评估方法在风险管理中起着关键性作用。在评估中使用统一的术语非常重要，这样相关各方对导致不利事件的因果关系的各个阶段就有了统一的概念。在降低风险方面，利用有效方法终止因果关系很关键，这是因为，只有在获得被观察设备的风险等级情况下，管理部门才有可能对这一过程进行决策部署。技术设备风险评估方法可用于各类复杂的、存在潜在伤害的设备。选择何种风险评估程序与方法取决于所要达到的目标。如果由一个包括职业安全卫生专家、被分析工厂的专家、员工代表在内的专家团队实施，那么每一个程序都会带来有效的结果。已经证明，在很多场合下选择参数计算法，定性评价风险等级可以取得良好效果。对于比较严重的风险，还可以引入风险评估更加精准的定量法。

但强调一点，分析结果必须能够终止发生不利事件的因果关系，即消除或更大限度地降低风险等级。当在设备设计阶段应用风险分析方法时，分析结果必须使设计人员能够在设计阶段实施降低风险的措施，从而在其早期阶段终止因果关系。如果此举不可行或者费用过高，残留风险应纳入技术术语与条款中，或者纳入手册中，这样，设计人员会提出在设备安装运行阶段应该采取的措施。企业的任务是实施这些措施，包括在日常工作中对员工进行系统性检查和培训。

参考文献

Karwowski, W., and Marras, W.S. 'Risk assessment and safety management in industry', in The Occupational
  Ergonomics Handbook, Boca Raton, FL: CRC Press LLC, 1998, pp. 1917–1948, ISBN 0-8493-2641-9.
Karwowski, W., and Salvendy, G. Advances in Human Factors, Ergonomics, and Safety in Manufacturing and
  Service Industries, Boca Raton, FL: CRC Press, 2011, p. 826.

Pačaiová, H., Sinay, J., and Glatz, J. Bezpečnosť a riziká technických systémov, edited by SjF TUKE Košice, Vienala Košice 2009, ISBN 978-80-553-0180-8.

Sinay, J. 'Konkrétny príklad posúdenia rizika pri prevádzke zdvíhacieho stroja', Conference: Lifting Machines in Theory and Practice, VUT Brno, May 1999, pp. 60–66, ISBN 80-214-1329-8.

Sinay, J. 'Rizika pri prevádzke zdvíhacích strojov', (New Findings on Lifting Machines: Risks), ČSMM-L-OSZZ-Prague, June 9, 2010, p. 17. Published in Journal of Česká společnost pro manipulaci s materiálem, Prague, CR, December 2010.

Sinay, J. 'Einige Überlegungen zur Risikoanalyse während des Kranbetriebes', in Der Kran und sein Umfeld in Industrie und Logistik, 19 Internationale Kranfachtagung Magdeburg: 31 März 2011, Magdeburg. Magdeburg, ILM, 2011, pp. 119–125, ISBN 13:978-3-930385-74-4.

Sinay, J., and Badida, M. 'Quatifizierung der Risiken beim Kranbetrieb', F+H Fördern und Heben 49/Nr. 4, Mainz, GER, 1999, pp. 273–276, ISSN 0341-2636.

Sinay, J., Badida, M., and Oravec, M. 'Anwendung der Mehrparameter-Methode zur Risiko-Beurteilung im Rahmen des Risikomanagements', Technische Uberwachung-TU Nr, VDI-Verlag, Düsseldorf, April 1999, pp. 51–54, ISSN 1434-9728.

Sinay, J., et al. Riziká technických zariadení: Manažérstvo rizika, OTA Košice, 1997; also as a CD, ISBN 80-967783-0-7.

Sinay, J., Kotianová, Z., and Pačaiová, H. 'Posudzovanie rizík technických zariadení: Postupy a metódy', in Occupational Health and Safety, 2009, Ostrava: VŠB-TU, 2009, pp. 263–270, ISBN 9788024820101.

Sinay, J., and Laboš, J. 'Manažment rizika počas technického života produktu: Potreba alebo samozrejmosť', Bezpečná práca, January 2003, pp. 15–17, ISSN 0322-6347.

Sinay, J., and Majer, I. 'Human factor as a significant aspect in risk prevention', 2nd International Conference of Applied Human Factors and Ergonomics, 12th International Conference on Human Aspects of Advanced Manufacturing – HAAMAHA, July 14–17, 2008, Las Vegas, Nevada, USA, Session 20.

Sinay, J., and Nagyova, A. 'Causal relation of negative event occurrence: Injury and/or failure', in Advances Factors, Ergonomics, and Safety in Manufacturing and Service Industries, AHFE Conference 2010, Boca Raton, FL: CRC Press, 2010, pp. 818–827, ISBN 978-1-4398-3499-2.

Sinay, J., and Oravec, M. 'Viacparametrické metódy klasifikácie rizika', Conference: Topical Issues of Work Safety, 11th International Conference, VVUBP Bratislava, 1998, pp. 64–72.

Sinay, J., Oravec, M., Majer, I., and Sloboda, A. 'Methods of risk evaluation', 3rd International Conference Globalna varnost, Bled, Slovenia, June 1998, pp. 17–21.

Sinay, J., Oravec, M., Pačaiová, H., and Tomková, M. 'Application of technical risk theory for evaluation of gearboxes damaging processes', International Symposium, From Experience to Innovation–IEA 97, Tampere, 1997, pp. 560–562, ISBN 951-802-197-X.

Sinay, J., and Pačaiová, H. 'Analyse und Bestimmung der Risiken im Hubwerk eines Hüttenkranes', in Kranautomatisierung Komponenten Sicherheit im Einsatz, Magdeburg: LOGiSCH, 2002, pp. 31–42, ISBN 3930385376.

Sinay, J., and Pačaiová, H. 'Integrierte Einstellung zur Beurteilung des Risikos von Hebezeugen', in 13 Internationale Fachtagung 2005, Von der Automatisierung bis zur Zertifizierung, Magdeburg, IFSL Otto-von Guericke Universität Magdeburg, Reihe III: Tagungsberichte Nr. 202, June 2005, pp. 147–162, ISBN 3-9303385-53-8.

Sinay, J., and Pačaiová, H. 'Integrierte Verfahren zur Beurteilung der Risiken bei Hebemaschinen', in Von der Automatisierung bis zur Zertifizierung, Magdeburg, IFSL, 2005, pp. 149–159, ISBN 3930385538.

Sinay, J., Pačaiová, H., and Oravec, M. 'Application of risk theory in Man–Machine–Environment systems', in Fundamentals and Assessment Tools for Occupational Ergonomics, Boca Raton, FL: CRC Press, Taylor & Francis, 2006, pp. 8-1–8-11, ISBN 0849319374.

第5章 职业安全卫生管理的若干风险与原则

5.1 新风险

新风险是职业安全卫生领域的一个主题。如果新设备采用了新技术、新材料和新工艺，或者在企业和社会变化各种因素影响下，比如企业的生产管理活动和形式发生了变化，则会出现新的风险，例如：应用新的纳米技术、纳米粒子、高离散性颗粒；机电一体化系统(现代化的汽车、机器人、自动化起重机)；生物技术；可再生能源；线性生产过程；以及时间有限的工作协议；老龄化员工；越来越大的工作强度；信息与通信技术(ICT，硬件+软件)；身体承受的综合压力、心理-社会风险因素(个人与家庭的未来不确定)、普遍的不确定性等错综发展的新变化，都会导致新的风险。新风险是指：

① 新的工艺、技术、工作场所以及组织形式变化，或社会变化产生的风险；

② 由于社会或公众认知能力的变化，某些被定义为风险的问题；

③ 根据新的科学发现，长期未解决的问题被重新评估为风险。

风险是各种变化产生的结果，例如：导致风险的危险(威胁)数量不断增加；有可能导致风险的接触时间变长；对员工健康的影响不断加重(对个人的严重性影响、对多人的影响)。

在风险管理中，识别与防控新风险是许多国际研究项目的主题。在这些风险管理研究过程中，一条规则是研究成果"必须加以应用"，这也决定了教育的内容(课程)和获得相应资格的标准。考虑到劳动力市场的全球化以及安全无国界等现实情况，欧盟的风险预防和最小化主题已经成为最重要的国际研究项目组成部分，例如欧盟第7框架协议下的项目iNTteg-Risk CP-IP213345-2"新技术相关风险的早期识别、监控与一体化管理"，该框架协议涉及18个欧盟成员国不同研究领域的69家机构，包括大学、研究所和公共组织，它们均从事风险管理方法研究与应用工作，而在预防手段方面，大家普遍使用人体工效学解决方案。

企业必须能识别出新风险，并提出足够的措施，消除或将其等级降到可接受水平。比如劳动力老龄化及其带来的变化就是一种新风险因素，消除这一因素的解决方案不但会带来工作环境的变化，还会带来工作质量的变化。

在新风险控制方面，为了能使用包括有效预防在内的现代化职业安全卫生管理方法和一体化的管理体系(质量、安全与环境),完全有必要吸纳新的教育形式与方式,向工作过程有关各方提供相关技术领域的知识和技能,例如信息和通信技术(ICT)、自然科学(化学、物理、生物学、人体工程学等)以及人文科学(社会学、心理学、政治学)等领域的新知识。

安全领域的专家替代不了工程师、电学家、物理学家、化学家、心理学家、人机工程学家、医生、社会学家,以及其他领域的专家。安全专家的作用首先是作为团队的一员,将自己的专业知识和技能用于分析和评估风险。目前,不同技术领域的专家均希望在教育过程中增补新的领域,例如信息学、机电一体化、系统技术和环境技术等方面的知识。

预防新风险成为欧洲共同发展计划"地平线2020"(2014~2020年)中的主要目标之一。职业安全卫生领域的许多研究项目都致力于解决这一问题。目前,欧盟的"2007~2012战略"要求继续按既定方向发展,并提高风险管理的程序,有效管控新技术相关风险、生物风险、综合风险、人–机–环境体系中的风险以及人口统计产生的风险等。

5.2 劳动力老龄化成为新风险,其对职业安全卫生的影响

职业安全卫生领域是与新信息、新技术进步或社会形势相适应的、不断发展的领域。这一发展特征要求使用新的方法,建立有效管理职业健康保护过程的环境,还要求使用新的方法提高职业安全。

当下,快节奏的生活方式和永远不会结束的新技术进步已成为时代特征,这是由于人们追求更快速、更高效、更高品质、更便宜、成本更低的生活所导致的。不可否认,技术发展影响社会生活的方方面面。特殊的技术变化结合其他的一些边际影响因素,系统性地在各个领域产生影响。例如,安全技术的发展与其他因素相结合,降低了很多严重和致命的伤害,使人的生活环境更加安全,风险大为降低,再加上新生儿数量下降,结果导致人口老龄化。

劳动力老龄化成为一类新风险。过去,人在50多岁就可以退休,而现在不同于过去,人们必须工作到与全球经济可持续发展相适应的更高年龄才可以退休。在相对更高的年龄,工作能力的变化会更加明显,因此必须寻找新的有效解决方案,向这类员工提供安全卫生的工作环境。斯洛伐克共和国第124号法令(2006年)的第5.(2).(f)部分进一步界定了这一现实,它规定企业有义务"使工作环境适应员工的工作能力和技术进步。"法令中的(g)部分规定,员工有责任"在设计工作场所、选择工作工具以及生产过程时,考虑人的能力、潜力和性格特点,从而消除或降低繁重和单调工作的有害因素对员工健康的影响。"

欧盟发觉自己正处于严重的人口老龄化进程中。据欧盟统计局2008年发布的最新估计数据，到2060年，欧盟65岁以上人口和生产年龄人口(15~64岁)相比为1:2，而目前的比值为1:4。

60岁以上人口在总人口中的比例不断增加是人口老龄化的标志，在欧盟成员国和其他许多国家，这一比例超过了20%。统计表明，各个国家的老龄化速度和步伐不一样，如图5.1中所预测的一样，这种变化非常明显。婴儿潮时期的特点是出现大量新生婴儿，后面跟着就是目前被称为"失控的祖辈"的人口统计状况。

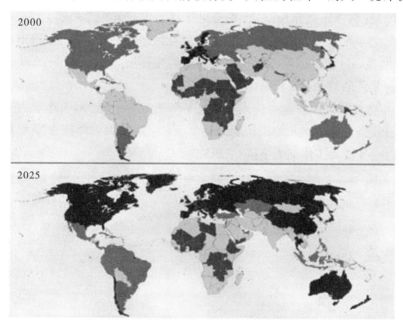

图5.1　全球老龄化水平

■ 5%以下；　8%~12.4%；　■ 12.4%~20%；　■ 20%以上

努力保证高出生率的一代留在劳动力市场上，并尽可能长时间保持健康、活跃和独立，这是解决人口老龄化问题并保持代际连带的重要方法[欧盟文件KOM462(2010)的最终版]。

在就业政策上，欧盟成员国实施禁止提前退休的措施，结果使得欧盟27个成员国年龄在55~64岁之间的人口失业率从2000年的36.9%增加到2009年的46%。根据上述劳动力市场的相关因素，可以认为，老龄化员工将成为增长最快的劳动力人群。

5.2.1　老龄化员工定义

联合国组织提议将60岁视为老龄化的分界点。但是该建议没有以生物学原理为出发点,而是照搬了将其作为退休年龄的一般惯例。从职业医学的角度来看,人通常在45岁就已经出现衰老的症状,身体承受工作负荷的能力开始下降。根据这些情况,可以认为,员工年龄超过45岁就是老龄化员工。

目前的人口统计预测表明,今后成为老龄化员工的人数会越来越多。随着年龄的增长,健康状况、能力变化以及工作能力也与过去大不相同,但是为了可持续的养老和社会福利体系,欧盟的退休年龄在不断增加。

据欧盟介绍,提高工作年限的法律措施将发挥重要作用,并且绝对有存在的必要性。但是,除了正面作用以外,提高退休年龄也有其负面影响,尤其是在职业安全卫生领域。企业与公众都想找出方法为老龄化员工建立安全的工作环境,并建立符合世界卫生组织战略的所谓健康的老龄化环境。

5.2.2 老龄化劳动力及其工作能力的变化

身体与精神两方面的能力构成一个人工作能力的基础。对工作能力进行研究证明,随着年龄的增加,人的工作能力逐渐下降。这是因为体能下降和健康条件的限制,造成身体的工作能力下降(见图5.2)。

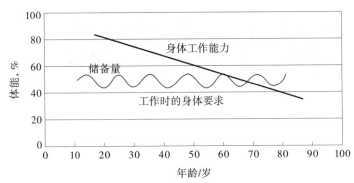

图5.2 工作要求与工人能力之间的关系

工作能力主要受以下工作环境因素影响:

① 工作类型/身体负荷,例如静态肌肉负荷、升降和移动负荷、突然负荷增加、重复性移动和无法接受的移动。

② 存在压力和危险的工作环境,例如噪音、烟雾、高温和潮湿。

③ 工作环境规划,例如存在相互矛盾的地方,计划与检查方法不正确,工作中害怕失败并犯错,时间压力,缺乏了解,缺乏决策制定自由和个人发展自由。

出现各种身体和心理的变化是老龄化过程的特点,聘用老龄化员工时应该特别关注这种变化。

就生理方面而言,人通常在45岁时就出现若干老龄化特征,但是也存在很大的个性差异。一般情况下,老龄化特征包括:感官机能的变化,例如视力、听觉的下降;相关的运动神经肌肉骨骼机能的变化,例如关节与骨骼机能、肌肉机能、运动机能的变化;感觉机能的变化;心智机能的变化;认知机能的变化等。

人的自然老化过程给身体的机能增加了一些"限制条件",即在相同的工作条件下,大龄员工更能感受到工作带来的身体压力。老化的过程与症状对于个体差异很大,取决于很多因素,例如性别、遗传因素、生活方式、生活标准、饮食习惯及其综合因素。通常来说,人在40~50岁或较晚的时候,会出现这些症状,但具体问题要具体分析(见图5.3和图5.4)。

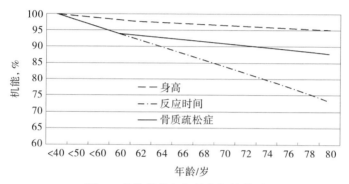

图5.3 身体机能与年龄之间的关系

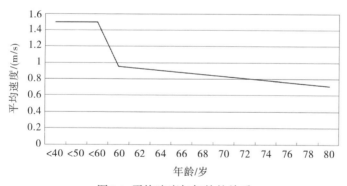

图5.4 平均速度与年龄的关系

5.2.2.1 限制工作能力的视觉因素

视觉是人体的机能之一,主要受老龄化因素影响,它属于人的基本感觉,人可以通过视觉感知环境,接受环境的信息(80%的信息)与刺激。

老龄化员工很难看清物体并将视力聚焦于远距离目标上;他们对于周围环境的观察也会受到限制,出现视力模糊,同时还伴有视野深度感知能力降低,并且对光敏感的特征。这些人群还易引发伤害其视力的某些疾病,例如白内障和视网膜疾病。视力减退还会增加事故发生的几率。平衡感下降、反应时间慢、视力下降、注意力不集中，容易造成人员摔倒或跌落。

拥有良好的视力是很多职业的基本要求，某些职业甚至要求视力达到优秀。正是人的视力及其变化影响着工作与生活的质量。视觉器官的复杂性(见图5.5)是它易受外部因素影响以及人体内部组织变化影响的原因。

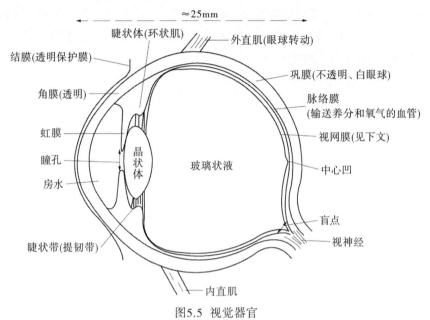

图5.5 视觉器官

导致视力退化的原因有很多：眼睛精密的适应能力变化；晶状体硬化；晶状体厚度适应性肌肉萎缩；眼睛对光的敏感性变化等。可以预防的视力变化(如通过调整照明灯光的亮度)有：对比感知度退化；视角窄化，光敏感性下降；目光倾向于凝固不变；辨色能力的退化；视野深度感知能力的变化；估测距离的能力和动态视角的退化等。

视力的变化会影响人的整体感知能力，进一步影响员工的工作能力和避险能力。为了评估视力情况和感知能力随年龄增长的变化，我们选择一家企业，对其年龄在23～61岁之间的员工进行问卷调查并收集相关数据。选择科希策地区52名被调查对象，被调查对象匿名回答了年龄、性别、职业、视力情况以及工作环境对其视力的影响等问题。他们还对50岁以上员工的工作环境表达了自己的观点。被调查对象分为以下几类：20～30岁；30～40岁；40～50岁；50～60岁；60岁以上。

通过调查结果可以看出，20～30岁和30～40岁人群的视力情况良好；老龄化年龄人群承认其视力退化，佩戴矫正眼镜的比例很高(见图5.6)。

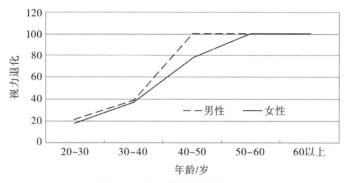

图5.6 年龄与视力退化的关系

在40~50岁年龄段，有高达79%的调查者认为视力退化。调查显示，视力退化主要出现在40岁以上的调查人群。50~60岁以及60岁以上年龄段的调查对象全部使用矫正眼镜。根据被调查对象的人数和从业类型的不同，调查结果也可能会有偏差，因为94%的被调查对象认为好的视力条件是从事其职业的必要条件。

使用的调查问题总结如下：

① 视力及其良好的条件是否是您从事职业的必要条件？

② 是否注意到年龄增长后的视力变化？

③ 是否认为改变您的工作环境(照明、信号化、显示对比、改变伤害视力的活动)会在眼睛舒适度方面产生积极的效果？

④ 是否认为有必要改变50岁以上员工的工作环境？

⑤ 是否在工作期间和工作后感到视力疲劳？

图5.7~图5.10列出了每项调查的答案。但是由于60岁以上年龄段人群数量较少，因此答案未被包括在其中。图5.11列出了所有人群的答案。

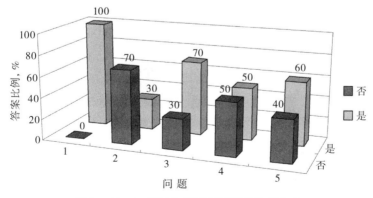

图5.7 20~30岁年龄组问题答案的比例分布

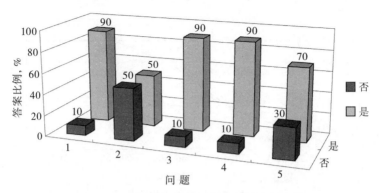

图5.8 30~40岁年龄组问题答案的比例分布

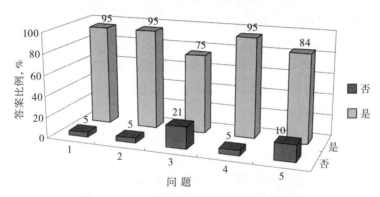

图5.9 40~50岁年龄组问题答案的比例分布

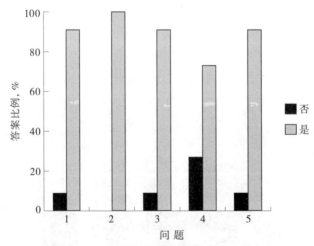

图5.10 50~60岁年龄组问题答案的比例分布

老龄化员工在所有行业、所有职位中的数量越来越多。预计老龄化员工人数不断增长的趋势还会出现在管理岗位。老龄化员工的知识、经验和技能是他们达到退休年龄后还活跃在工作岗位的主要原因。但是在这些岗位工作会导致视觉器官超负荷，这是因为大部分管理岗位都会在工作中用到电脑等设备，这是造成视力疲劳紧张的主要原因。

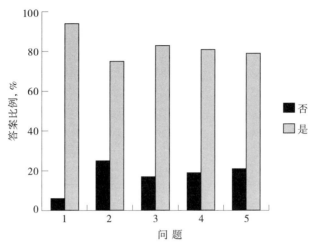

图5.11 全部年龄组问题答案的比例分布

立法机构与企业都应该考虑相关问题，并制定措施，创造安全和健康的工作环境，满足所有员工群体的需要。目前，职业安全卫生领域专业人士关注的焦点在年轻员工身上，老龄化员工的问题远未摆到突出位置。

职业安全卫生相关法规规定了风险最小化的方法。但是法规不可能遍及所有工作场所的细节问题。因此，在一个工作场所，管理人员有责任进行风险识别：究竟是什么可能对员工造成潜在威胁，并评估威胁发生的频率和后果，最终采取降低风险的措施。

调查结果明确表明，随着年龄的不断增加，视力会慢慢下降。某些工作会造成视力受损或疲劳，成为发生意外事件的诱因，例如在工作场所摔倒。如果企业继续聘用年龄更大的劳动者，则企业必须改善员工的工作活动与工作环境，降低老龄化员工受威胁的程度。

5.2.3 老龄化相关变化是否影响人为因素的可靠性

在人–机–环境体系中，工作能力的变化与人为因素的可靠性密切相关。每个人都是单独的个体，行为受多种因素影响，例如经验、技能、客观评价其潜力的能力、性格倾向、健康状况、实际精神状态等。因此，可靠性评价是非常困难的一个过程。

最重要的人为因素错误类型及其原因如下：

① 一时疏忽造成的错误——目的是对的，但是操作不当。

② 特殊的工作准备、培训和指导不充分造成的错误——工作人员不知道该做什么，或者他们认为在做，但实际未做。这些错误被称为不正确的意图错误。

③ 缺乏积极性或忽视工作程序造成的错误——由于犯错误的工人完全意识到违背了规定，因此这些错误也被称为"工作犯规"。

④ 管理造成的错误——错误的领导，不正确的工作计划、培训和技能。

⑤ 身体和精神能力不足造成的错误——工作人员从事特定活动的前期准备工作不足。

人为错误的严重程度会随着年龄的增长而增加，这是因为身体能力在逐渐下降。表5.1列出了老龄化员工有可能导致的潜在人为错误实例。

表5.1 老龄化员工的人为错误

老龄化相关变化	工作环境因素	人为错误
神经肌肉、骨骼机能和运动机能的变化	工作类型/身体负荷	身体与精神能力缺乏造成的错误
精神机能的变化（沮丧、焦虑、害怕被解雇）	有压力和危险的工作环境工作环境布置	一时疏忽造成的错误缺乏积极性或忽视工作程序造成的错误
代谢、消化和内分泌系统功能的变化	有压力和有危险的工作环境工作环境布置	一时疏忽造成的错误
感官功能的变化	有压力和有危险的工作环境	一时疏忽造成的错误身体与精神能力缺乏造成的错误

5.2.3.1 老龄化员工的事故率

对致命性工业事故(见图5.12)、造成严重人身伤害的严重工业事故(见图5.13)、造成病害超过42天的事故(见图5.14)进行分析，结果得到斯洛伐克在2009年和2010年遭受严重工业事故的员工年龄结构。

现有的分析结果表明：

① 在2009年和2010年，最高数量的致命性事故都发生在50～60岁年龄人群。

② 第二大事故数量出现在40～50岁年龄人群。

③ 数量最高的严重工业事故以及患病超过42天的事故大多发生在40～50岁和50～60岁年龄组员工的身上。

统计结果还表明，40岁以上的员工更容易发生较高数量的严重工业事故。为了降低出现工业事故的频率，需要建立安全水平更高、同时考虑老龄化变化的工作环境。为了正确改善工作环境，必须熟悉员工能力和潜力的变化，以及造成这些变化的身体与精神现状。

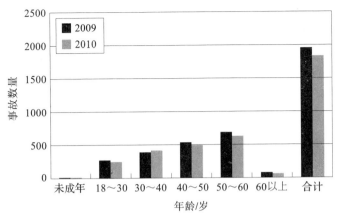

图5.12 按年龄分布的致命性工业事故分析

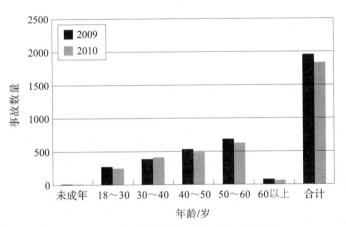

图5.13 按年龄分布的严重工业事故分析

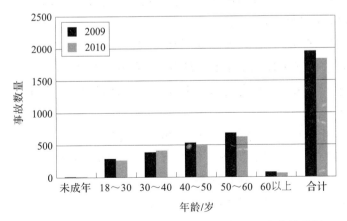

图5.14 按年龄分布的伤病缺席超过42天的工业事故分析

5.2.4 与老龄化劳动力相关的策略与方法

"老龄化员工"属于职业安全卫生领域的新风险。这是因为人的生理学特征会随着时间发生变化，最终导致他们对工作环境的反应能力下降。以下属于新风险因素：

① 某些始终存在但尚未被记录的因素，这是新的工艺和技术、新的工作场所以及工作组织变革的产物。

② 具有长期影响并为人所知，随着科学论证，或者公众舆论变化被认为是存在威胁的因素。

聘用老龄化员工属于新的风险因素。人体自然衰老，造成不可逆的生理以及潜在精神方面的变化。在很多情况下，这些变化是渐进式的，因此很难一下子感觉出来。这些变化常常导致人的能力和潜能下降，而员工自己一般认识不到或不愿承认这种现实，因此，管理人员必须评估是否需要改善特定员工的工作环境、工作时间和工作职责。为了使管理人员能及早发觉员工的变化，并采取措施做出相应的反应，就必须掌握老龄化过程中必要的、典型的变化知识。

员工在其工作年限内的工作能力与工作对身体的要求之间出现不平衡，这是由于身体能力的下降以及老龄化带来的相关变化，与所处的工作环境或承担的工作职责不匹配。这就形成了意外事故发生的基础，同时也是造成威胁的来源。体能下降与老龄化过程紧密相关，这一事实已为大家所知，但是直至现在才认识到解决老龄化问题的必要性。

这一切都缘于欧盟不断提高员工有效工作年龄的要求、各个国家稳定其养老体系的努力和企业弥补年轻劳动力不足的现实需要。延迟退休年龄将带来劳动力老龄化，从对员工群体的影响角度看，这对职业安全卫生领域的影响很大，不断增加的年龄已经成为新的风险源。

新风险的识别与控制是目前很多科研项目的主题，目的在于确保在意外事件发生之前识别这些新风险和新威胁。需要提出的相关问题如下：

① 在工作环境中，尤其是实施职业安全卫生活动涉及的行业环境，各种变化将以何种方式表现出来？

② 这些变化中哪些值得职业安全卫生领域关注？

③ 应采取何种方式做好老龄化员工的工作，才能在工作期间留意这些变化，并避免产生对老龄化员工的歧视性行为？

④ 应该以何种方式鼓励老龄化员工继续就业？

以下是职业安全卫生领域最重要的问题，需要更加深入的分析：聘用老龄化员工引起的相关变化对意外事件发生的可能性有什么影响？作为风险参数的潜在结果是什么？

很显然，生理变化会影响两者的参数变化。老龄化公交司机的情况就是一个实例。导致意外事件发生的因素包括精神状态和感觉功能的变化，包括心血管、血液、免疫和呼吸系统以及神经肌肉骨骼功能的变化，还包括与运动有关的机能变化。大多数情况下，公交司机的驾驶失误可能造成致命的后果(见表5.2)。因此，得到老龄化员工的详细身体状况数据和各种变化的信息至关重要。在企业的风险管理过程中，必须考虑50岁以上员工发生意外事件的高概率和后果，要花大力气建立安全和健康的老龄化员工工作环境。与老龄化过程有关的特定目标不会受政治话题的影响，但是对各成员国的政治承诺和企业的经营管理影响很大。

表5.2　公交司机老龄化对意外事件发生概率和结果的影响

功能变化	变化症状	对意外事件发生概率的影响	对结果的影响
精神功能	辨认方向困难、反应迟钝、短期记忆力受损、特殊反射受损	发生事故的可能性较高，这是由于：注意力不集中、对交通的反应慢、压力等造成的	有伤害的事故，司机和/或其他人员在交通事故中死亡
感觉功能与痛觉	① 视觉灵敏性受损 ② 远距离视觉受损 ③ 辨色能力受损 ④ 干眼并发症 ⑤ 听觉灵敏性受损 ⑥ 声音来源定位有问题 ⑦ 对压力敏感	发生事故的可能性较高，这是由于：①交通运输过程中对人和物的识别反应能力下降 ②视力疲劳、流泪眼 ③不能识别警告标识 ④不能确定声音来源	有伤害的事故，司机和/或其他人员在交通事故中死亡
心血管、血液、免疫和呼吸系统的功能	① 血压升高 ② 心腔充填慢 ③ 工作时收缩压显著升高 ④ 对细菌和病毒的免疫能力受损 ⑤ 工作过程中每分钟换气量和氧气消耗增加	发生事故的可能性较高，这是由于：①高压环境下老龄化人群患心脏病的可能性增加 ②胸疼 ③氧合作用不足 ④患病的可能性增加 ⑤老龄化人群缺勤 ⑥长期治疗的可能性增加	附有伤病缺勤、病毒性疾病的事故
神经肌肉骨骼功能以及与运动相关的功能	① 关节病、骨质疏松症、韧带和腱的忍耐性下降 ② 身体伸展范围减少 ③ 肩与手的力量下降	发生事故的可能性较高，这是由于：①关节和肌肉疼痛 ②运动受损 ③体能下降 ④骨折的可能性增加	有伤害的事故，司机和/或其他人员在交通事故中死亡，骨折，拉伸韧带和肌肉，职业病

鼓励老龄化员工继续就业最重要的要求是改善这些人的工作环境，使其适

合老龄化员工的需要。这一要求已经被写入欧盟的"2012欧洲积极老龄化和代际团结年"计划的KOM(2010)462最终版中,欧盟各国将不得不明确其改善老龄化员工工作环境的承诺和行动任务。一个改善的工作环境应是支持员工需求的环境、一个不会诱发工业事故和职业疾病的基础环境。

在全球国家层面上,关注老龄化问题,改善这些人的工作环境还具有现实基础:一方面是各国和国际组织针对老龄化问题修改现有法规,从政治和法律的层面给予承诺和规定;另一方面,导致劳动力老龄化的根源是实际劳动力不足、有经验和受过教育的员工缺乏,以及年轻员工的培训投资过高。也要看到,随着科技的进步,工业事故和职业病数量正在下降,员工的工作年限可以延长。这些都是推动企业实施变革、从而实现有利于老龄化员工需要的促进因素,这些因素也被称为"推力因素"。

还有不同于"推力因素"的其他因素,称为"拉力因素",它们不对企业管理产生任何压力,而是实现关键目标的推动力。拉力因素包括:企业的经济优势(在适合的工作环境中,老龄化员工的生产率更高),更好的竞争力和发展空间,老龄化员工的忠诚度等等。

如果说推力因素对企业构成了某种压力,那么拉力因素则有利于企业实施必要的系统变革。在两种因素作用下,可以通过PDCA环(计划-实施-检查-行动)引入职业安全卫生体系,建立有利于老龄化员工要求的工作过程(图5.15)。

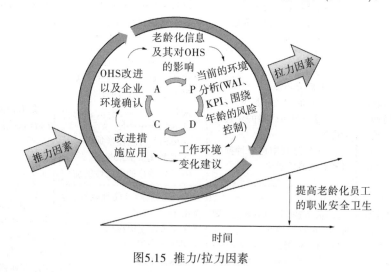

图5.15 推力/拉力因素

分析企业的当前状态是每个企业变革不可分割的组成部分,也是进行有效计划的基础。对于那些满足老龄化员工需求而实施变革的企业来说,必须分析企业自身的具体情况，例如为什么要实施这些变革？还存在哪些争议等。补充一点，作为分析依据的信息不仅包括企业信息，还应包括国家人口统计情况和老龄化进程以及相关变化的信息。未能收集上述数据而提出的改进建议，往往不能达到企业所需的效果。

另一个重要步骤是熟悉企业内部现状。分析时可以使用的工具包括劳动力断面分析，由伊尔玛利宁(Ilmarinen)教授提出并在欧洲和其他国家成功使用的工作能力指数(WAI)，以老龄化劳动力为焦点的关键业绩指标(KPI)，以及评估员工压力水平的工作条件与控制调查表(WOCCQ)等。

以各种信息为基础，可以重新考虑工作环境的变革。为了使特定的变化更为具体，可以使用人为故障模式及影响分析法(FMEA法)，分析人为错误的原因，提出纠正建议。在设计工作变化时，不能使员工处于真实危险当中，必须使用虚拟现实法(VR)，测试给定的措施。

可以使用以下步骤建立满足老龄化员工需要的工作环境：改善任务概念；改善工作组织；改善实际工作环境；支持员工提高工作能力；加强健康体系监控强度。

必须将这些措施应用到实践中，同时监控它们的效率与企业老龄化员工安全之间的关系。尊重老龄化劳动力的实用方法要件，主旨是针对这类人群，从精神方面进行连续的教育和培训，例如将培训长度和培训过程调整到适合老龄化员工的实际需要，将培训纳入企业的终身学习计划中，确保依据各类人群的需要和潜力，将知识和技能传递给他们，最终降低企业的事故率。相应的变革举措必须根据企业的条件和可能情况以及员工年龄结构逐一落实。企业管理部门必须认识到变革是有利的，但同时要承受由此带来的经济影响。

5.2.5 风险管理体系中的虚拟现实技术

与老龄化劳动力有关的工效和安全之间的关系，为虚拟现实技术的利用提供了机遇，也为促进老龄化员工继续就业的新技术应用创造了机会。利用虚拟现实技术对工作环境和工作场所实施模型化，可以模拟出真实场景有可能发生的任何情况。在职业安全卫生领域，利用这种低成本方法，可以分析人-机-环境体系中存在或可能发生的任何威胁，而不会对员工健康产生实质性威胁。

5.2.5.1 虚拟现实方法

虚拟现实技术用来模拟真实的或者模型化的环境，可以用眼睛从高度、宽度和深度上观察，因此，虚拟现实技术可以提供包括声音、触觉以及其他反馈形式在内的实时视觉体验。

虚拟现实系统是在视觉上建立类似真实世界的计算机模拟环境,其应用程序为模拟真实环境的各种状况做好了准备(见图5.16)。我们可以借助其他特殊的设备,例如立体眼镜、视频眼镜、虚拟墙、数据手套等,创建一张接近真实环境的软件设计导入图。在特定数据输入/输出上,各种虚拟现实(VR)应用程序之间也存在区别(见图5.17)。

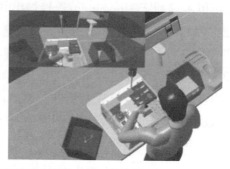

图5.16 使用虚拟现实技术设计一个工作位置

图5.17 使用辅助设备模拟环境

为了确保画面真实、有活力,设备必须能够以很快的速度显示各帧画面,用户才能觉得运动流畅。计算机显示器的频率越高,图像的质量越好。人的肉眼每秒大约能够感知20帧单独的画面,每秒50帧水平时就能获得逼真的效果。对于3D技术来说,人眼感知到的每一帧画面都是不一样的,或者说都是立体的。

虚拟现实技术(VR)特别适用于需要3D分析和物理检测显示的工业领域。虚拟现实技术正被越来越多地应用于各种用途,尤其在以下领域:

① 教育与培训:使用虚拟设备和过程的单独培训或团体培训,以及产品实际制造前的工艺设计。

② 医药：虚拟手术(新型手术技术)和虚拟实验室。

③ 娱乐：交互式3D游戏和3D主体公园。

④ 建筑：可视化城市、城市规划、3D建筑与设备的内部设计等。

⑤ 生产：产品设计与制造、维护、虚拟原型以及工效设计等。

模拟流程通过计算机技术显示3D物体或过程。而"可视化"能向用户提供所研究产品或过程的完整概念。模拟过程还可与用户互动，从而产生逼真的体验，帮助他们理解以3D物体演示形式呈现的信息。

从职业安全卫生的角度看，人-机-环境体系中的人(即人为因素)起着重要的作用，可以通过虚拟现实技术(VR)呈现人-机-环境的相互作用，这种方法既不对人产生实际危险，也不会造成其他任何损失。

5.2.5.2 虚拟现实技术在新风险评估中的作用

在风险和人员可靠性的评估过程中，可以使用各种方法，例如认知可靠性与误差分析模型法(CREAM法)、人为错误分析法(ATHENA法)和人为失误率预测法(THERP法)等。但这些方法的不足之处在于：

① 评估结果取决于进行评估的人(能力、专业知识、推算方法等)。

② 评估结果仅揭示预定活动的潜在事故，不能包括意外事件。

而虚拟现实技术不同于这些方法，它避免了以上两点不足，使确定潜在人为因素故障和发生不利事件的可能性范围变得更宽。

5.2.5.2.1 虚拟现实技术在风险评估和控制过程中的重要性

虚拟现实技术会对风险评估领域产生重要影响。数据显示，在已识别的所有工程技术领域风险中，有58%的风险或隐患可以通过虚拟现实技术(VR)来识别。模拟真实环境可以识别出25%的危险，而模拟人的行为可以发现所有已识别危险类型的10%。

对虚拟现实技术的目标结果来说(见图5.18)，必须将所有可获得的、与人体老化有关的信息用在人体模拟过程中。体形(高度和身体脂肪分布)变化、肌肉质量下降，接着是体力下降、新陈代谢变化、视野变化、听力敏感性受损、关节灵活性变化等都会对人产生重要影响，使用虚拟现实技术可以识别哪些工作可能给这类员工带来问题或伤害。

有限的工作能力是发生不利事件的诱因。作为降低老龄化员工工作风险的方法，虚拟现实技术得到的3D环境模拟了实际工作场所，能显示出存在安全隐患的环境。就老龄化一代来说，当前虚拟现实技术主要应用于教育和培训领域，但是它也可在不对人产生实际风险的情况下，分析危险环境中的用户行为。

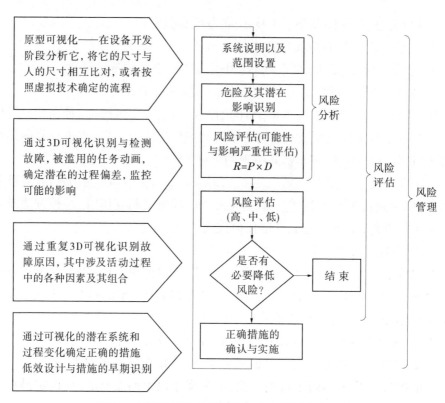

图5.18 虚拟现实技术在风险评估与管控中的应用

5.2.5.3 小结

现代技术的发展是众多科技进步的基础。在对整个生产链条进行风险识别和评估过程中，使用虚拟现实技术比较方便、简单，最重要的是效率高。该技术在风险管控领域的应用将发挥非常重要的作用。

5.3 机电一体化系统中的风险

当前，控制与信息技术已经成为大多数机械设备与系统的组成部分。如果电子元件出现故障，汽车就无法启动，发电厂会停工，供电会中断，甚至导致复杂的逻辑系统的崩溃和瘫痪。戴姆勒奔驰(GER)迈巴赫汽车的电子系统由77个电子控制元件组成，包括200个汽车内部不同系统相互连接的电气触点。宝马和奥迪的顶级车使用了类似数量的电子元件，大众辉腾使用了60个电子控制元件。现代的仓储管理设备，例如移动式自动升降装置，利用了5个仪表盘计算机和一个独立的中央控制单元。

现代仓储管理设备的功能越来越依赖于信息技术功能有关的电子元件。通过实时的机器响应(例如机器人及其控制系统)，并将信号传送给机器控制单元，从而构成输入信号,用来监控设备的各个部分或设备整体(例如移动式起重机的钢支撑结构)的实际技术状况。这些要求会变得越来越重要。所谓机电一体化,就是通过集成电子技术,然后通过信息技术,延展机械部件的各种功能。目前,机电一体化一词的定义不仅仅局限在三个学科的协同作用,而是指在人–机–环境体系范围内,技术主体活动及其分析方法的全新原则。

机电一体化部件是现代化技术装备不可或缺的组成部分。老式的机械部件被软硬件相结合的智能系统部分取代,或者升级达到新的功能。信息技术与电子技术的使用比例越来越高,这不仅降低了流程的成本,构成流程的优化因素,而且也带来了新的风险隐患!现代化装备因故障或缺陷被生产企业召回进行系统维修和更换,就证明了所有现代化装置的结构、机电一体化系统之间的相互关系未得到足够重视。由此可以认为,关于各个结构之间相互关系的知识,无论是在设计阶段还是在运行阶段,都必须得到系统性的分析和评判。

机电一体化作为一门工程学科,是建立在不同技术相互作用结果(产生新功能)基础上的。基于机械、信息技术和电子技术的一体化,必须在机电一体化系统中嵌入信息技术、控制及管理技术部件、材料工程以及连接组装技术。

任何一个机电一体化系统都是由基础机械结构、传感器、执行部件以及信息处理部件组成的。这些部件通过信息流实现沟通,信息流可以实现系统控制与管理,从而建立执行新功能的必要环境。通过传感器监控那些可以反映设备、过程或环境实际状况的数据。中央处理单元对这些信号进行评估与处理,然后给执行部件发送指令,改变系统执行,从而使系统保持在最佳运行状况。这就是建立智能环境和自动优化系统的方法(人工智能)。而在机电一体化基础上,通过简单的电路管理来实现参数的变化响应,确保各个部件的相互联结与网络化,则大大增加了系统的复杂性。因此,机电一体化系统的任务分配是以信息流的效率和质量为基础的。

系统设计应根据用户的需求开发产品的解决方案。机电一体化系统会让其变得相当复杂,相互联系的结构会产生大量的相互作用。而且从术语、功能及其结构角度看,不同的工程学科交织在一起。所有这些元素都有不同的产品开发方案,而且其风险评估方法也不尽相同。

高级网络互联机电一体化系统详细解释了复杂的封闭结构,例如,用于商品分配、仓库(物流中心)或分拣设备的物流中心。这些是由彼此可以独立运行并使用定义明确的功能界面组成的,例如运输设备(辊式输送机、传送带、盘式输送机或分拣设备模块)。自主机电一体化系统(AMS)包括信息处理系统、控制装置和故障诊断系统。AMS由作为机电一体化系统基础结构的机电功能模块(MFM)组成。单功能模块的限制范围取决于各个功能,根据明确的定义,将各个元件分配给多个机电功能模块(MFM)。

假如机电一体化系统的控制功能由软件来执行,则故障与风险评估必须以不同的原则为基础,而不是以使用中的标准机械系统(如钢支撑结构)为基础。机电一体化系统允许包含多个可以使系统回到初始位置的中间状态。在机电系统的技术寿命周期内,准确了解可能出现的多个有时间依赖的故障事件很重要。

由于机电一体化系统中软件系统的复杂性不断增加,机械元件的风险评估在很大程度上也包括确定软件包故障/风险评估。在软件开发过程中,使用阶段模型时,必须实施所有相关步骤,包括数据处理初步设计、开发、单独测试、整体测试以及移交等,每一个阶段都要明确说明需要实现的功能以及记录方法。

5.3.1 风险管理方法在机电一体化系统中的应用

所有风险管理措施的目的必须是消除或减少机械设备在寿命期内出现事故的频率和等级,其中包括设备装配、拆卸期间以及运行过程中发生不可预知事件的风险概率。

很显然,机电一体化系统对设备安全运行最重要的要求,是在其设计阶段必须进行全面的风险评估,并且根据评估结果实施技术改进措施。改进措施必须能消除风险或将风险降至最低。这些要求也影响到选择有效的风险评估方法,对所有设备部件或复杂机械系统(包括其控制系统)在整个寿命期内的风险进行识别和评估。

风险管理包括:明确机电系统中的设备;确定设备各个功能结构存在的威胁;评估各个结构的风险;评估整个设备的风险;实现风险最小化的措施。

风险评估的必要信息包括:设备的功能结构定义;设备寿命期内各个阶段的信息;说明设备功能的图纸及其他文件;故障和事故频率以及导致的后果的详细信息,例如事故记录、设备运行产生的故障和有害过程信息等。

就风险管理方法的应用而言,必须将设备分成各个结构,从而能在复杂设备的整体功能范围内,用明确定义的功能界面,准确评估机电一体化设备。用这种方式可以确定设备的各类风险,最终选择有效的降低风险的方法,并构成用户手册的组成部分,或者成为在逻辑系统内部建立运行环境的一部分。

机电一体化设备通常使用信息技术智能控制系统,将机械元件与电子元件协同整合在一起,根据这一事实,必须在全部三个领域进行潜在风险分析。"协同"一词非常重要,相互连接意味着任一领域的失败(故障)都会导致整个系统的停工或故障。

图5.19用示意图定义了机电一体化系统,其实现过程如下:

① 在传统设备上安装电子控制系统,并配置IT技术或仓储管理工具,例如起重设备、传送组合设备、计算机数控(CNC)设备工具、机器人、操纵器等。

② 设备的某些机械功能被电子控制系统替换,例如起重设备负载能力的机械限位器被符合IT技术的电子设备替换,机械齿轮箱被电子系统控制的齿轮箱替换。

③ 机械控制功能部件被使用IT技术的电子控制部件替换。

机电一体化设备的风险特点有以下4种,它们在不同领域具有不同的发生机理:

① 机械风险:系统机械部件故障。

② 电子电气风险:电力不足、电子部件故障、测试与控制系统故障。

③ IT系统风险:出现随机逻辑故障,有意或无意的软件改动,错误的输入信息。

④ 协同故障造成的风险:各个部件的相互连接是机电一体化系统风险评估的重要方面。即使是一个微不足道的、难以定义的系统部件故障,如果发生评估错误,也会造成整个系统停工,从而导致事故或者伤害。无法检测的机械元件故障,例如由于传感器缺失或者损坏等,也会造成事故或者伤害。

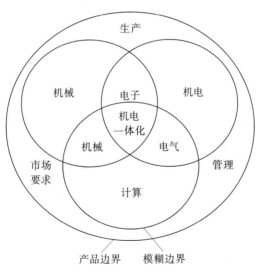

图5.19 机电一体化系统基本要素

5.3.2 机电一体化系统中的起重设备

移动式起重机作为传统和自动化相结合的起重机典型实例,属于逻辑系统结构中机电一体化的代表装置。为了在特殊领域实施风险评估，可以将移动式起重机分为若干功能结构件，如图5.20所示。这些结构包括：

① 支撑结构(SS)：机械元件。

② 运行速度控制系统(CSOS)：电子元件。

③ 悬挂装置(SD)：机械元件。

④ 安全保护装置(SSD)：电子元件+信息技术。

⑤ 引导系统(GS)：机械元件。

⑥ 机械装置(M)：机械元件。

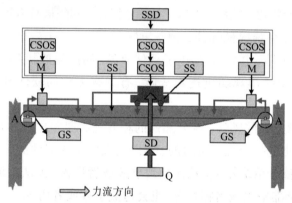

图5.20 移动式起重机的功能结构

法规对设备结构的要求非常多而且各不相同，例如控制系统的冗余度(电子原理)、传动与钢支撑结构的技术诊断(机械与电子原理)、升降运动的限位开关(电子原理)等。移动式起重机在加入逻辑系统后，通常发生以下类型的危险：加载在悬挂装置上的载荷振荡，斜拉力；处理悬挂装置上的活动；钢丝绳存在缺陷；起重机倾覆；两台起重机碰撞；钢结构存在缺陷，起重机过载，等等。

上述这些安全隐患绝大部分都可以用机电一体化原理来说明。

加载在悬挂装置上的载荷振荡，斜拉力(SD，M)：发生振荡是因为起重机或起重绞车的运动造成的。通过启动起重桥和绞车的可移动机构(M)，可以降低此类风险(见图5.20)。为了避免斜拉力，可以在起重机制控系统中使用电子设备(见图5.21)，其中机械元件与电子元件在结果产生的运动中相互连接在一起。

存在缺陷的钢丝绳(斜拉力+存在缺陷的钢结构，M)：这种危险的主要起因是起重机悬挂装置过载，来自钢结构的机械破坏导致了危险发生。可以使用起重能力限制器，作为有效监控起重机过载的手段；限制器还包括一个用于确定聚集载荷的装置，即在悬挂装置上监控载荷质量的传感器，该传感器安装在起重绞车与起重装备的桥接位置。该装置建立在电子元件的基础之上,而在动态过载识别过程中,还使用IT技术编程功能,编制了电子负载能力限制器中的对比值(见图5.21)。如果该装置发生故障,会造成桥接钢结构以及起重绞车悬挂装置(通常情况下为钢丝绳)上的实际载荷失去控制,还会造成对坚实的功能结构、钢结构剩余寿命的误判,导致风险增加。

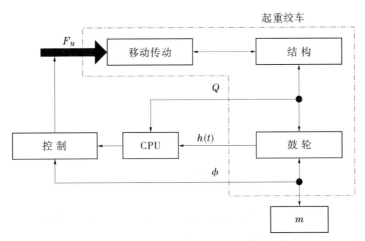

图5.21 电子加载能力限制器基本原理

两台起重机碰撞:此类风险与监控两台起重机周围环境的装置失灵有关。监控装置不工作,造成两台起重机发生碰撞。碰撞不仅会造成起重机系统的功能丧失,而且会导致起重机脱离引导结构(GS)而产生伤害。

5.3.2.1 FMEA法在机电一体化系统——起重机中的应用

评估机电一体化系统风险时,可以使用修改过的FMEA法(见第4章4.3节)。在咨询起重机特殊应用领域的专家后,在数值1~10范围内给特殊的功能结构赋值。对机电一体化系统而言,可以应用机械与电子(ME)结构识别系数,其值也在1~10范围内;系数的大小直接取决于电子元件的品质。如果处理的是设备机械部件的某个元件,则系数ME=1,即它是一个渐进的、易于识别的威胁。随着电子元件的比例逐渐增加,系数ME一直增加到最高水平10,则表示电子元件意外失效(从0~1)或系统软件不适合。

各个威胁类型的MR/P风险计算如下:

$$MR/P=VZ\times PV\times PO\times ME \tag{5.1}$$

式中:MR/P为风险程度/优先级;VZ为重要性;PV为发生风险;PO为检测的可能性;ME为机械与电子结构识别系数,在ME系数中引入电子特征与信息技术。

5.4 维护：风险最小化方法

维护是确保安全运行、技术状况、准备工作、经济运行基础资金的一组行为。根据这一定义，分别设定开发人、设计人和各种基础资金用户的职责和任务。这意味着在技术寿命期内的各个阶段(包括维修阶段在内)，都要保证生产技术元件与最终产品的安全可靠性。由此可以认为，安全的主题必须是复杂的人-机-环境体系和系统部件的相互影响，必须在规划与设计阶段就要制定降低风险的策略。在此阶段，必须考虑技术设备维护活动的环境，以便在实施维护活动时消除或降低风险。设备使用说明中也必须含有维修过程中残留风险的内容。也就是说，必须让客户完全知晓设备使用过程中可能存在的隐性风险。

现今，机械设备系统设计与生产过程遵循的基本原则包括：

① 技术故障，无论何时出现，都不会造成风险。当设计一个装置、机器或复杂的设备时，必须确保多个故障同时发生时，不会形成扩大和蔓延之势。

② 确保应用的技术体系与导致危险运行的环境不相容。

③ 应用的技术体系必须符合操作人员的资质水平。

④ 用户手册必须说明所有残留风险，也包括维护阶段在内；必须让客户完全知晓设备使用过程中可能存在的隐性风险。

⑤ 必须明确说明设备关键材料磨损特征以及部件的老化特征，这是根据技术状况对设备进行评估的基础，也是实施维修的前提条件。

⑥ 设备维护中的各种要求必须与用户的能力相匹配。

随着设备安全的重要性日益增加，维护的作用也发生了明显变化。发生故障会造成设备停机，自然也会带来STN EN ISO 121001-2所述的特定类型威胁。有关这方面的内容，指令42/2006/EC在附录1第1章第6节也详细进行了说明。

如今，术语"威胁"或"威胁程度"，即"风险"被广泛应用于维修领域。这一术语的定义原则几乎符合全世界各国的法规要求，这使其既可以监控故障频率又可以监控故障后果，这是维修活动的根本性变化。

如果机械设备维护不充分，会大大提升伤害或轻度伤害的发生几率。不当维护可能带来的后果包括：①材料老化，例如钢材、塑料、密封材料的老化，以及材料在动态运行过程中的疲劳失效；②各种腐蚀，例如表面腐蚀和组织边缘腐蚀；③电解效应；④摩擦疲劳；⑤润滑剂老化等。在设备维护阶段，评估体系被用来评估以下风险：维护过程中发生的风险；构成维护策略的风险；维护不当产生的风险。

生产技术与最终产品的质量和安全是时间、运行时间、外部因素强度的函数，即最终产品的安全是多参数的函数。

因此，为降低风险，必须监控机器设备的安全并保持其稳定状态。安全管理不是一个静态的活动，而是一个连续的任务。最迟在保修期终止后，设备的风险管理活动将交由用户负责(指令89/391/EC)。用户在使用设备的同时，自然也要负责设备的维护保养，因此设备操作人员必须熟悉风险评估的方法与工具，同时也必须了解确保机械设备安全运行的管理架构。基于以上原因，必须采取正确的操作和维护措施，保证设备或复杂的机械体系在寿命期内安全运行，即持续应用有效的措施，将设备的技术和人为风险降至最低。

现代维护方法具有跨学科的特征，包括现代技术诊断方法，还用到了数理统计。必须尊重人为因素，同时制定终身教育程序，制定能体现现代维护技术发展趋势的措施。实现过程必须由大学、教育机构和研究所的专家来完成，同时必须辅以专家的研究与经验说明，而他们必须来自有实施现代维护经验的企业及厂商。

现在，任何一个单独的机械设备风险评估结果还必须包括：①机械设备处于闲置状态时的维护保养职责；②维护措施与流程的设计；③备件供应的组织管理必须符合42/2006/EC指令要求；④操作人员的资质要求，缺乏培训的员工是最大的风险隐患之一；⑤操作人员所需资质。必须认识到，不当的维护保养也可能导致设备的安全隐患。

技术系统的安全是时间的函数，这意味着需要不断的分析和评估，这类活动应该包含在维护作业程序中。未能充分实施维护作业，会产生新的事故或伤害等。

以下情况会发生技术系统故障：

① 作为时间的函数，例如老化、腐蚀、化学过程等。

② 作为运行条件的函数，例如磨损、材料疲劳失效等。

③ 作为外部因素的函数，例如排放物、电磁场、振动、灰尘等。

注：磨损、老化、疲劳和腐蚀是一个过程，多数情况下可以通过数学模型来描述。

对操作人员以及第三方来说，假设设备在技术寿命期内的任何阶段(包括运行阶段)都保持安全状态，即将风险降至最低，则必须满足式(5.2)要求：

$$R_{sk} < R_{akc} \tag{5.2}$$

式中：R_{sk}为实际风险；R_{akc}为可接受的风险。

必须在规划与设计阶段应用风险最小化方法。在这一阶段，必须考虑到特定设备的维护需求，以便在实施维护作业时消除风险隐患，或将风险最小化。特定设备的操作说明必须包含维修过程中的剩余风险内容。为了有效开展设备维护，生产商与用户之间必须进行合作。

黄金法则认为：为避免故障，必须提前识别潜在风险，而且必须能够激活各个保护措施，从而中断发生故障/伤害的因果关系。

为了有效开展维护作业，必须熟悉设备的实际技术状况。在设备的设计阶段，必须做到：

① 确定所有重大的风险(威胁)，符合有效法规的要求，例如EN ISO 12100第1和第2部分有关测量过程中机械、化学、电子和信息方面的要求。

② 将技术状况的识别与启动设备安全或保护措施之间的延时时间考虑在内，确定每一个风险(威胁)的可接受值及其识别(测量)程序。

③ 制定将风险降至最低的保护措施。

在设备运行期间，为确定实际技术状态，必须通过以下方式收集运行状况数据：

① 在缺乏计算系统支持的情况下，根据已经确定的检查计划收集信息。此方法的缺点是检查的时间间隔比较固定。

② 使用计算机辅助系统，以连续的方式或以若干间隔的方式收集信息。此方法的缺点是提供的软件功能往往不能满足需求。

如果发生的是随机损害，这也是电子与微电子元件的典型情况，则上述说明不适用，只能使用统计方法解释随机损害。这类偶然性的故障延伸了上述方法的应用范围。在这种情况下，无法找出高质量的维护方式，而是采用另一种形式，如冗余连接。

技术设备或机械的安全运行不是一个常量。在运行过程中，以下参数会发生变化：运行时间(老化、腐蚀等)；运行条件(磨损、外部因素、疲劳等)；出现故障的可能性(随机性、确定性等)；超常状态(电磁效应等)。

因为上述原因，必须实施必要的维护作业，确保设备或复杂的机器在技术寿命期内始终处于安全运行的状态，即持续应用有效的措施，将技术及人为风险降至最低。

在设备的每一次改动，或者在每一次中等规模的维护、大修后，必须评估设备风险，确定设备的安全等级，并对随后运行过程中的风险进行最小化识别。应识别以下的威胁类型：人体工效方面，例如设备操作时的错误体位；长期威胁方面，例如噪音、振动、辐射；机械方面，例如被卡住、压碎、刺过；电气方面，例如电压、弧光、电磁场等。

危险识别比较适合使用问卷调查表。如果是较复杂的设备，设备安全领域的专家必须拥有丰富的经验，使用的方法必须具有很高的综合性。现代技术风险评估是以获得大量描述设备技术状况信息为基础的。计算机中央单元进一步处理这部分信息，然后对比硬盘中保存的可接受值。可以通过运行部件的反馈连接，自动执行应对措施；也可以根据各个数据，由操作人员执行应对措施。同时，还要根据收集的信息进行适当的维护，确保设备安全、可靠运行。

5.4.1 有效的风险最小化工具——技术诊断

技术诊断是为确定技术或其部件状况而执行的一组活动。诊断的目的是在客观评价检测设备所识别症状的基础上，评价目标的实际环境，识别那些能导致设备故障并对操作人员或其他人员造成危险的潜在因素。

技术诊断是实现技术体系风险最小化的工具，使用它可以识别那些可能引发风险的潜在隐患。必须系统性地监控并检查机械设备的安全可靠性，建立将不利事件降至最低的运行环境，将发生事故、故障和伤害的因果关系彻底打断，即将风险降至最低。设备技术操作人员必须熟悉采取这些措施的方法与工具，必须清楚机械设备安全运行所使用的正确管理架构。实施这些活动的有效方法之一是维护技术活动，尤其是设备诊断技术。出于上述原因，必须开展有效的维护作业，才能保证设备或复杂的机器在技术寿命期内安全运行，即持续实施有效的措施，将技术和人为风险降至最低。

风险最小化过程要求使用设计好的程序，确定威胁阶段的潜在隐患。有效的现代维护方法具有跨学科特征，在很大程度上包括现代技术诊断方法。技术诊断中的"诊断"一词指的是评估目标物实际情况的活动。这些活动的关注点集中在技术目标上，即机械系统、复杂的技术以及各个设备。

技术诊断专家主要关注的是与故障、事故和伤害预防有关的活动，从人与技术安全以及经济的角度来看，这是最有效的活动。在很多行业，都可以应用技术诊断法，识别运行环境风险，降低故障、事故和伤害的频率，这是最有效的预防方法。

用户熟悉了设备的实际运行环境，就可以与生产商要求的运行环境相比较，重点是能及时实施所有的预防和削减风险措施。技术目标物发生故障(未遵守职业安全卫生基本原则)后，会危及到所有操作人员和处于故障影响范围内的其他人员的生命安全。

为了确定设备的实际运行环境，必须收集相关数据，也就是将技术诊断方法与最新的实验测量方法相互结合使用。另一个非常关键的因素，是确认测量数据以及数据处理方法，消除与被监控目标有关的风险数据。

5.5 听觉风险管理

如今，在发达国家，降低噪音，从而减小振荡幅度，通常被视为一项重要的目标。据估计，欧洲三分之一的员工(超过6000万)中，超过25%的人工作在高噪音环境下。员工违规暴露在高噪音下的结果，将导致听觉系统紊乱，或对其他系统造成损伤，例如中枢神经系统受损、注意力不集中、损害视力等，最终会导致这些员工注意力下降，继而带来伤害。

听觉风险预防主要应集中在一次降低噪音与振荡方面，即通过改变设计、选择合适的材料、改变技术(例如用噪音小的摩擦轴承替换滚柱轴承、旋转发动机部件中心再定位或再平衡、机器部件的灵活连接装置)等方法，直接降低设备的振动致声能量源。二次(随后或另外)降低振动致声能量的效率较低且成本较高，它只能起到吸收一定能量的作用。二次消噪措施包括安装隔音板、噪音消除装置、吸音隔墙和隔板、墙体吸音材料等。三次措施作为最后一次消音方法，一般由设备用户来实施，例如使用个人防护设备(PPE)。然而，在故障/事故发生因果关系初级阶段，一次降低振动致声能量源可以获得最有效的结果。如果使用最新的科学发现与设计，开发、制造新机械设备，应用新技术和新的运输方式，则可以在开始阶段就应用降低振动致声能量法。

人类是机器振动致声能量的最大制造者，正是人类自己确定了各个机器部件的精度、平衡、处理、技术装配精度、材料的选择、吸收填料、非稳态流体管道形状、技术动作等指标。

5.5.1 听觉风险管理规则

只有问题得到系统性处理才能实现有效的风险最小化。设计风险降低策略并应用于工作场所的预防措施时，应采取以下步骤：

① 设置目标和标准。

② 噪音源的识别与评估：在工作场所的排放；外部噪音源对工作场所噪音注入值的影响；人的暴露时间和位置；设置噪音源排放重要性等级。

③ 评估降低噪音措施，例如：降低机器噪音，包括减少工作场所噪音及噪音传递。

④ 设计降低噪音程序。

⑤ 实施恰当的降噪措施。

⑥ 评估降噪措施的实施结果。

设计保护措施时,可以参照图5.22所示的降噪规则。以下是确定可接受风险的综合值选择:

① 可将振动致声环境的接受程度视为工作环境中噪音与机械振动共同影响的不利环境容忍度。

②环境的振动致声接受程度用主观干扰标准来评价,受人的活动和生产率或者职业安全卫生的影响,这种影响往往是综合性的。

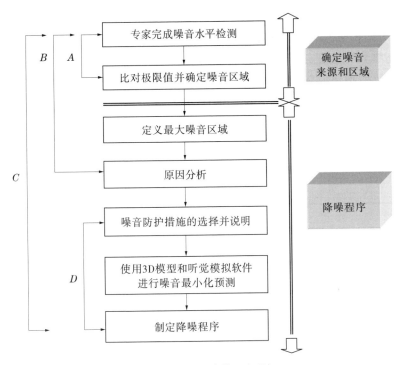

图5.22 听觉风险管理规则

A=风险分析;B=风险评估;C=风险管理;D=风险控制

式(5.3)是评估听觉风险的另一个方式:

$$R=P \times C, R=f(E_x, L_{eg}, C_{听力}, C_{听力范围外}) \qquad (5.3)$$

式中:R为听觉风险;$P=f(E_x, L_{eg})$为人员暴露在噪音下的可能性,它是超出法规极限值L_{eg}(dB)和时间暴露值E_x(小时)的函数;$C=f(C_{听力}, C_{听力范围外})$为听觉压力作用对人听觉器官的影响,$C_{听力}$和听力范围外的影响$C_{听力范围外}$往往难以确定。

5.5.2 超出法规极限值L_{eg}

保护职业健康非常重要,尤其是在生产效率受噪音影响而下降的情况下。举例来说,可以按照欧盟指令2003/10/EC中有关"工人暴露在物理因素(噪音)风险下的最低限安全卫生要求"，确定暴露在噪音下的极限值与行动值：

① 暴露极限值 $L_{AEX,8h,L}$=87dB，L_{CPk}=140dB。

② 暴露行动上限值 $L_{AEX,8h,a}$=85dB，L_{CPk}=137dB。

③ 暴露行动下限值 $L_{AEX,8h,a}$=80dB，L_{CPk}=135dB。

其中，$L_{AEX,8h,L}$ 为A类噪音的8h暴露极限值；L_{CPk} 为C类噪音的暴露极限峰值。

作为影响人体的潜在风险，可以将不希望的噪音影响定义如下：

$$D=f(C_{听力}, C_{听力范围外}) \tag{5.4}$$

式中：$C_{听力}$ 为损害听觉器官的具体(听觉)影响；$C_{听力范围外}$ 为听觉器官以外，其他中枢神经系统部分功能变化造成的影响，包括无法听到警告信号、增加的事故率、生产过程中故障率上升等。

图5.23所示的矩阵表是最常用的图解法听觉风险评估。其中评估指标含义为：Z为可以忽略的听觉风险，不必采取措施，但必须对该风险等级进行定期检测；A为可接受的听觉风险，在一定环境下可接受(技术预防措施或组织特征)；N为不可接受的听觉风险，需要使用有效措施立即改正。

项 目	无	暂时性	很少发生	停留
L_{eq}未超过 E_x<8h	Z	Z	Z	N
L_{eq}未超过 E_x>8h	Z	A	A	N
L_{eq}超过 E_x<8h	Z	A	A	N
L_{eq}超过 E_x>8h	Z	A	N	N

图5.23 听觉风险矩阵表

5.5.3 降噪策略

听觉风险最小化过程的设定目标必须以尽可能将噪音降到最低水平(容许值)为基础。这些值可以用噪音排放水平或噪音暴露水平来表示。一般情况下，考虑用参数A表示噪音排放或噪音暴露值，该值不得超出指令10/2003/EC确定的范围。

有很多技术手段可以实现降噪。这些措施包括：降低源噪音，例如降低机器、工作流程及程序生成的噪音；通过吸收噪音降噪，例如安装防护屏、防护网罩、吸收镶板等；指定位置降噪，例如设置隔音舱、增加个人护耳装备等。

降噪措施可以大大改变人-机-环境体系。因此，对于相关各方来说，可以利用各种措施积极参与这一过程,这尤其关系到从事管理、计划、采购、职业安全卫生、维护、技术和生产的人员,以及工会会员与工人本身的安全健康。在很多情况下,必然要涉及到外部人员,例如卫生保健以及职业安全卫生检查部门、听觉与人体工效学专家等。企业代表与外部各方之间的合作,将确保制定降噪措施时,能考虑到与特定目标相关的各方需求。

企业管理部门积极而坚定地参与其中是降噪成功的关键。必须优先实施有效法规规定的预防措施,例如指令42/2006/EC对机械设备的要求。通过科学知识和技术以及各种降噪方法,按照指令要求设计、制造设备,将气生噪音,尤其是源头噪音降到最低水平。可以使用相似机械设备的噪音排放对比数据,对噪音排放等级进行评估。

按照指令42/2006/EC有关机械设备的规定,用户手册必须包括:

① 安装与装配说明,目的是降低噪音与振动。

② 与气生噪音排放有关的各种信息说明:

a.如果工作场所的噪音排放水平超过70dB(A),则按加权滤波器A进行测量;如果噪音水平低于70dB(A),也必须予以说明。

b.如果工作场所的最大瞬时噪音水平超过63Pa(20μPa参照点下为130dB),则按加权滤波器C进行测量。

c.如果工作场所噪音水平按加权滤波器A测量超过80dB(A),则按加权滤波器A测量机械设备声学功率水平(通常使用加权滤波器A,而不用加权滤波器C;它们分别遵循40方和100方的等响曲线;加权滤波器A的曲线最接近确定负面影响声学系统噪音的有害曲线)。

特定设备的数据必须测量,或者参照可进行技术对比的其他设备测量值来确定。对尺寸过大的设备来说,不使用加权滤波器A确定的声功率水平,可以在设备周围规定的位置,通过加权滤波器A测量的噪音等级予以说明。

如果不应用统一的标准,则必须使用最适合机械设备的方法测量噪音等级。每次说明噪音排放数据时,必须详细说明测量值的误差范围,同时还必须说明机械设备在测量过程中的运行状态以及测量方法。

如果工作场所不明确,或不可能明确,则按加权滤波器A测量噪音等级时,必须在距离设备表面1m远,距离地面或设备平台1.6m高的位置测量;必须说明位置以及最大噪音等级。

5.5.3.1 实验室声学研究

工作场所、工作流程以及作业活动说明:从事噪音等级测量的实验部门均安装有机械设备工具与装置(研磨机、台式钻床、车床和铣床)。整个区域详细显示在实验室平面图上(见图5.24)。分析实验室中的设备见图5.25。

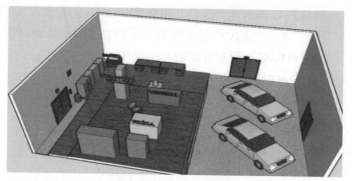

图5.24 实验室平面图

(a) 研磨机

(b) 钻床

(c) 车床

(d) 铣床

图5.25 实验室中的设备工具类型

测量的真实值列于表5.3。可以用下式评估声学风险:

$$R=f(E_x, L_{eg}, C_{听力}, C_{听力}/C_{听力范围外}) \tag{5.4}$$

式中: L_{eg} 为满足法规要求,未超过暴露极限值,但研磨机与两台通风机同时工作时除外; E_x 为不足8h的运行暴露(培训过程与实验测量); $C_{听力}$ 为未记录听力相关的问题; $C_{听力范围外}$ 为使用机器工作时,语言沟通被中断。

通过以上内容可以看出,由于各项参数未超出规定范围,因此可以忽略实验室各个机械设备的听觉风险，不需要根据图5.26的风险矩阵进行测量。仅仅在研磨机和通风装置同时运行时，才超出了暴露极限值，此时才需要测量，但风险等级仍然维持在可接受的水平。不过，为了确保工作安全，必须使用个人防护装备(PPE)。

表5.3 噪音强度测量值

位置	测量时间/s	设备状态	测量值/(dB)		
			$L_{Aeq, 8h, L}$	L_{Amax}	$L_{c' peak}$
研磨机，图5.25(a)	15	研磨机运行中	85	89	102.3
钻床，图5.25(b)	15	钻床运行中	65.4	76.5	92.3
车床，图5.25(c)	15	车床运行中	76.5	80.1	91.7
铣床，图5.25(d)	15	铣床运行中	73.2	82.6	94.5
研磨机+通风设备(两图)	15	研磨机运行中，增加通风设备	87.5	93.2	106.5

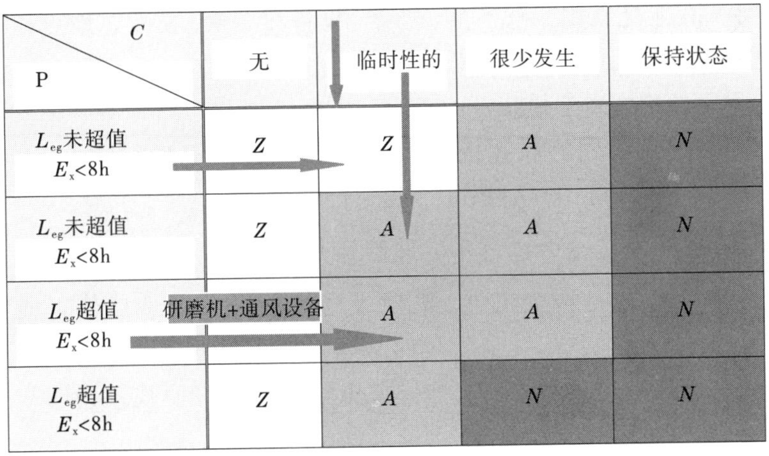

图5.26 实验室声学风险矩阵

按照指令42/2006/EC的要求，对预定位置的设备进行声学噪音测量非常重要。或者在工作场所不确定的情况下，按加权滤波器A确定噪音等级，必须在距离设备表面1m远，距离地面或设备平台1.6m高的位置实施噪音检测。根据测量过程和结果，必须说明噪音来源和最高等级。从源头上降低噪音是最有效的预防听觉风险方法，新机械设备的设计环节应包括降噪措施。在工厂确定机械设备的摆放位置时，必须满足指令42/2006/EC中规定的听觉环境的指标要求。

5.5.4 听觉风险最小化工具

5.5.4.1 研究与开发

对影响环境的噪音，降噪方法、低噪音技术、开发低噪音产品等都是有效降低听觉风险的方法。为了展示技术优势，并实施噪音最小化措施，资助对于试验项目非常有用。

5.5.4.2 法规文件与标准文件

排放标准：排放标准由政府制定，它确定了应用于各个噪音源的排放极限值，并被纳入到已认证方法序列中，用于确定新产品生产时是否符合噪音极限值。

接受标准：接受标准是以定性标准或在具体位置应用的噪音暴露指导值为基础的，该标准通常被纳入到计划过程中。

5.5.4.3 经济工具

经济工具是在降噪方法中或可以用在降噪方法中的经济手段，包括鼓励降噪与开发低噪音产品的经济手段——税收与噪音排放费，还包括对于暴露在噪音下的人员给予补偿。

5.5.4.4 操作程序

最常用的措施是使用限噪产品、机器、设备和车辆，在敏感地点和时间使用操作友好的方法。

5.5.4.5 3D程序的室内声学模拟

目前，可以使用不同的计算机程序，设计声学环境并进行室内声学模拟，例如CATT Acoustic、Izofonik、Androl-noise 1.0等程序。

5.6 机器与设备开发与设计过程中的风险管理

安全是指目标物(一般为机器、机械或产品)不对人员造成伤害或者不严重损坏材料或环境的能力。在安全管理时必须考虑两种状态：机器设备运行或按照技术说明从事作业时的状态；机器设备未运行或未按照技术说明从事作业时的状态。

前一个状态与预防故障有关，可以避免潜在伤害(事故预防)，它由政府法令与国际法规来决定。后一个状态假设制定了内部规定，可以保护系统不受潜在故障的影响。

要做到安全管理，必须能区别机器设备及其技术体系的安全、风险控制与可靠性。在风险控制体系中，应在机械设备对操作人员以及第三方人员的安全不构成危害的运行环境下评估风险程度，也就是说，即使机械设备发生故障，其周边环境也是安全的(故障–安全行为)。分析机械设备可靠性的目的是识别它们的无故障环境，即确认停工次数最低的可能性。此外，在机械设备安全、技术安全的情况下，必须考虑外部因素的影响，例如人为错误、重大灾难、破坏活动(民事保障因素)等。设计机械设备风险最小化的措施通常有助于增加设备可靠性。

5.6.1 制造设计过程的发展趋势

产品制造设计领域正朝着有目的的系统方法的方向发展着。产品的关键参数最终决定产品的质量与安全性能。制造设计过程利用了多阶技术系统设计理念,其中有来自安全工程师的贡献,他们的任务是使用可获得的知识,并按照有效法规的要求,获得预先确定的系统安全设计参数。系统性方法不仅重点关注生产前与生产阶段,即制造设计与生产技术设计阶段,还关注产品回收利用的问题,并将这部分内容纳入产品的寿命周期和环境安全的范畴。

让客户满意是关键的产品使用参数之一,它要求生产商生产出质量高、安全可靠的产品。基于此,安全的设计是有系统性的、讲究方法的活动,在生产最终产品的过程中使用各种标准化方法,并将多个单极目标与终极目标整合在一起。

安全设计不仅要按各自的技术标准(EN、STN)选择合适的材料和恰当的部件尺寸,还要综合考虑产品的安全要求、一致性评估以及之后的产品认证等因素,将这些因素作为产品开发的必要组成部分(指令2/2006/EC)。产品设计过程中应该遵循的规则如图5.27所示。

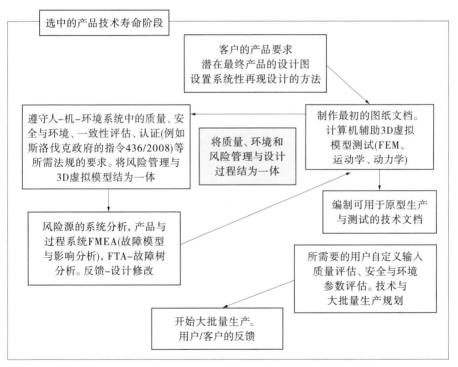

图5.27 一体化风险管理方法与机器设计过程

社会经济越发达,对安全问题越关注。斯洛伐克共和国作为欧盟成员国之一,处理安全问题主要依据的是关于产品技术要求与一致性评估的法令汇编264/1999和政府法令436/2008。斯洛伐克政府颁布的机械设备技术要求法令经过了修订。

设计机械设备时,必须考虑到运行环境不会在设备运行、设置和维护环节导致人员伤害和财产损失。所应用的措施必须确保机械设备寿命期内消除或降低各种风险隐患,还应该能够有效识别并消除那些不符合技术要求的运行环境。

更多地使用计算机辅助技术(CA)是当前制造设计的发展趋势。最近,该技术被冠以"虚拟原型"(VP)技术一词。制造设计的最终目的,是利用可获得的技术文档工具,这会带来更高的生产力和产品质量,降低产品开发成本和时间,增加产品的可靠性成本(见图5.28,原著中此图与图5.27相同,可能有误,译者注)。根据上述原则,产品的安全可靠性已经成为产品质量的组成部分,因此将安全纳入到制造设计阶段非常重要。

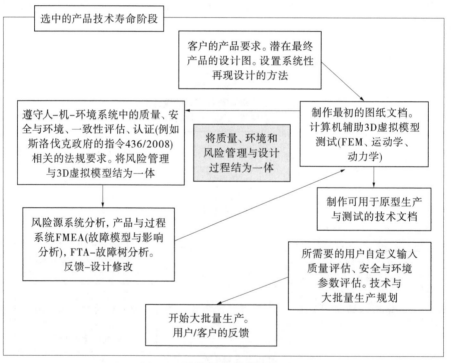

图5.28 设计系统发展趋势对比

此外,计算机辅助技术(CA)已经成为评估(技术)安全、质量以及开展可靠性预测的必要手段。除此之外,已经成为现代工程活动组成部分的计算机辅助方法还有:计算机辅助设计(CAD);计算机辅助工程(CAE);计算机辅助规划(CAP);计算机辅助制造(CAM)；计算机辅助质保(CAQ)等。为了形成一体化的生产过程方法，计算机辅助系统被整合成计算机集成制造(CIM)或计算机辅助工业(CAI)技术体系。

在早期开发阶段，应用计算机辅助技术有可能以简单的方法和较低的成本实现产品的制造设计。最终结果包括：较少的样品产量(减少浪费)；较低的生产成本；较短的产品开发周期；按照符合欧盟成员国法规的风险管理原则，实现高品质制造设计(图5.29)。

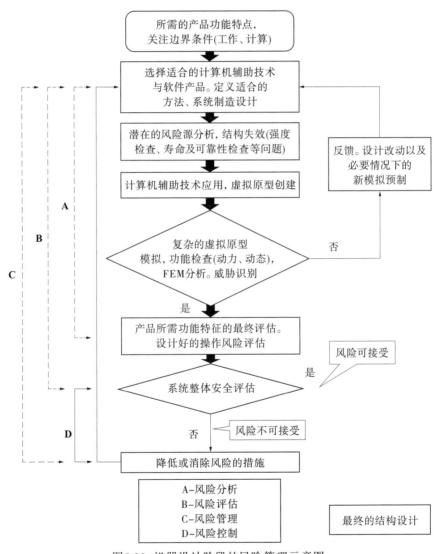

图5.29 机器设计阶段的风险管理示意图

目前，经过集成的计算机辅助技术系统性方法(图5.30)已为大部分设计师所熟悉，同时还有大量中等规模的制造商(不涉及大型企业)，例如汽车制造商，他们应用计算机辅助技术，大大缩短了创新周期，提高了产品质量(福特、通用、日产、波恩、大众等汽车企业)。

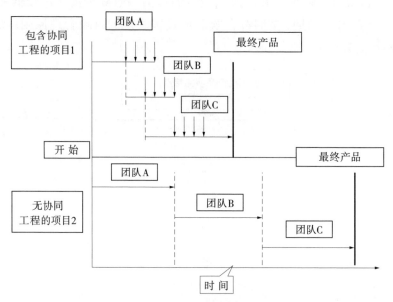

图5.30 设计过程的集成技术

5.6.2 计算机辅助技术风险

最近，设计师工作的最大变化是在制造过程中同时使用计算机程序与计算机辅助技术。计算机辅助技术的应用范围取决于产品及行业类型。降低新产品开发和生产周期的要求，以及日益增多的产品功能或复杂的模块化概念，加快了计算机辅助技术在各行业的应用。目前，不使用计算机辅助设计(CAD)很难实现复杂机械设备的设计制造。在产品技术、组织和经济性方面，应用计算机辅助设计，可以更快地完成产品设计和制造工作，降低工作量。

但计算机辅助技术给很多小型企业带来了新的安全隐患。如果在设计制造过程中发生系统错误，那么产生新的潜在威胁的几率会呈倍数增长。

计算机辅助设计程序及其应用要满足既定的要求，前提条件是计算机的技术规范能够简单、完整并且正确地将与技术有关的所有法规整合在一起；其应用程序必须与最新的科学发展成果相兼容，必须允许企业结合自身特点实施二次开发。

向标准系统软件增加的应用程序库、附加程序模块等功能，只有在其特征经专家检查并完善了各自的子程序后，才适用于设计与规划。今天的CAD程序包含符合各个标准要求、重点强调设计者或计算人员易用性的标准计算方法。确定产品可靠性的过程经常需要满足有效标准的要求。如果标准是根据简化的条件制定的，并且所要求的安全(风险降低要求)是由各种基于测试的正确因素予以保证的，则这些事实有可能成为导致问题产生的根源。在很多情况下，有人会提出不同意见，认为标准概念不适用于现代计算方法，例如有限元方法(FEM)。但是，标准中又往往含有工程经验和安全设计案例的说明。必须承认，在设计过程中，标准化会降低创造性，很多情况下，最后形成的设计方案并非最佳方案。

根据其内容与用途，可以在计算机辅助技术中加入辅助控制机制。在设计阶段，应用这些机制可以评估一体化设计方案是否满足应用需求，即是否满足安全、质量与环境要求。

随着科技的进步，系统功能不断更新和完善，因而扩大了CAD技术的程序包。更新过程不能由软件企业来完成，它必须由特定专业领域的专家组来完成。为了方便实际应用，与技术、标准、建议、公告、法令有关的，生成一般性约束力新法规的特殊技术资料必须做到：以详细的技术说明形式进行修改；直接修改统一成CAD设计图；修改成数据库登记项，实现模块化的各种解决方案。

数据必须根据最新的科技发展进行更新。只能由特定行业的专家完成更新任务。使用CAD系统的风险非常大，这取决于CAD系统用户的工作以及CAD程序自身的特点。CAD系统风险可以分成多种类型，见图5.31。

5.6.2.1 可控风险与部分可控风险

通过系统性实施CAD系统方法，可以部分或完全消除风险。不存在最佳的CAD系统，也就是说，不可能很确定地说哪种CAD系统最适合用户的需求。CAD系统的选择过程，必须重点考虑所需CAD系统的复杂程度，与有关企业/设计师办公室的限制条件(常常是经济因素)之间的关系，这是因为每种程度的软件性能都需要与之相适应的硬件匹配，它们最终会影响CAD系统的实施效率。

教育过程又是另一个影响CAD程序实施效率的关键因素，此外还有接下来的风险影响水平。自学系统仅为小型设计企业(几名设计师)所接受。如果(数十名设计师)设计比较复杂的CAD系统，那么必须考虑以课程作为继续教育组成部分的系统性教育。企业(CAD系统用户)和大学以及其他教育机构之间的合作(结合)非常必要，受过大学教育的设计师会获得机器、综合设施和技术电子制造方面的有益知识。

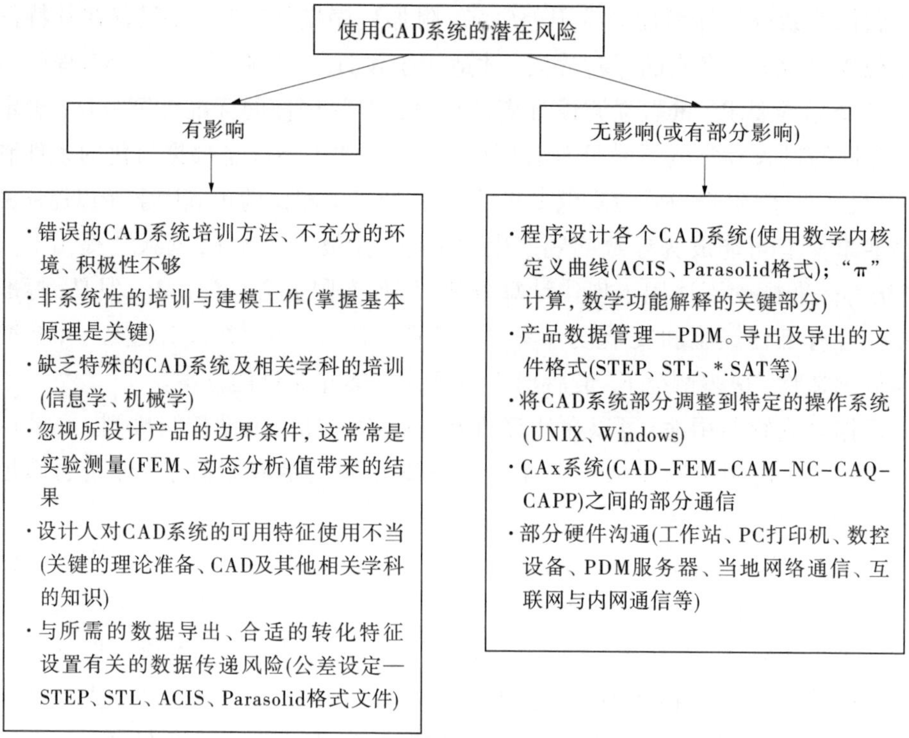

图5.31 CAD系统使用时的主要风险源

就降低风险的CAD系统应用而言，用户(开发者与设计者)熟悉其他学科科目非常重要，例如数学、画法几何、基础科技力学、机械零件；还包括其他相关学科，如电子学、IT技术以及现代机械设备机电一体化技术等。指出一点：CAD系统仅仅是建立制造设计的工具，而不是解决问题的"万灵工具"。

使用CAD系统时，经常出现的风险源是在建立虚拟原型过程中，对未来的技术系统或产品的工作环境边界条件(输入参数)考虑不当。先不论模型是否完美，如果使用的边界条件不合适，则模型只会准确计算不精确的数据，而不会对原始数据进行修正，这就使模型与实际情况不符，因而失去了使用CAD系统的优势。拥有一定的理论背景，同时正确输入参数(经常是实验测量产生的)，可以预防此类风险。

更深一步说，部分可控的风险包括CAD系统之间的数据传递。虽然设计师不能通过特定文件类型所需的参数设置来影响导出或导入文件的类型，例如通过FEM定义项目的公差、尺寸和形状，但可以预防不准确数据传递的可能风险(3D模型增强)，或者传递过程中的数据丢失。

大多数CAD系统开发企业支持DXF、IGEC、SAT、SET、VDA和VRML等数据格式，但这些格式仅仅允许传递矢量数据。而非矢量数据的传递问题通常用各种程序语言设计的附加模块、扩展模块以及工具来处理，并在CAD系统(如用于AutoCad系统的AutoLisp)中执行。作为一种选择，外部程序的执行一般使用的是Delphi、C++、Visual Basic以及主要将非矢量数据记录成内部目标生成型文件的语言。这种解决方案不是标准方案，要求开发者具备高级程序设计技能，并且能准确理解CAD系统内部结构与内部数据库。

辅助企业内部各种活动(工程分析、生产规划与控制、职业安全卫生管理、质量管理、装配等)的其他计算机辅助系统也存在类似问题。

实际应用中，与CAD系统实施有关的另一个潜在风险源是数据管理(产品数据管理[PDM])。在汽车和航空工业、建筑、电子工业实施CAD系统过程中，作为数据管理系统的产品数据管理是必不可少的。从事CAD系统开发的企业应密切注意数据管理问题，这是因为为了更好地管理数据，除了高质量的数据存储以外，未来的用户经常选择CAD系统。

5.6.2.2 不可控风险

从用户或设计师的观点看，制造过程使用CAD系统产生的不可控风险是由CAD系统自身原因造成的，即CAD系统的环境及其程序设计。该程序无法修改，它是由CAD系统制造商默认设计好的。

现代CAD系统利用了不同的数学内核计算曲线的参数函数。ACIS和Parasolid格式的数学内核属于最常用类型。通过长期开发，这些CAD系统的基础特征正被逐步增强(绘图问题，如曲线面积与各种数学上的共同面积计算交集、3D弯曲曲线等)。

至于几何计算的最终误差、FEM分析结果、潜在风险源，主要表现在诸如数学运算时"π"的计算定义上。有些情况下，不能忽略计算结果的差异性。

计算程序中多个连续数学函数的基本原则是以数据离散化后内插函数值为基础的。将连续函数划分成有限数量点的区间以及最终的函数本身，通过间隔点函数值的两端积分得到进一步说明。这类插值法经常影响分析结果(例如FEM)的优化或者CAD系统的矢量说明。在转换过程中，基本曲线定义的不同数学解释会造成矢量变形或数据损失，例如定义圆弧曲线。

按照软件开发企业定义的CAD技术设置选项，只能部分降低此类潜在风险源。CAD技术用户与软件开发中心的双向反馈非常重要。

最终，设计师定义的产品特征与实验测量的实际产品特征之间的差异，构成计算机辅助技术的风险等级。这取决于每个设计师将风险程度降到最低水平的意愿和技能。

在制造设计过程中，实验测试反馈是降低计算机技术风险不可缺少的部分，因此提倡设计师团队与最终产品用户之间的经验相结合。减少延迟时间、提供用户产品相关信息，是制造环节降低计算机辅助技术风险的基本手段。

5.6.3 潜在风险源实例

如果设计师缺乏一定的理论背景和技术知识，在使用虚拟模型将计算机辅助技术应用于机器制造设计时，会形成潜在风险源。

将3D模型分割(网分)成具有预先确定物性的有限数量基础部分(分析的边界条件)是该方法的基础。对于比较复杂的几何结构，即使是当前高级自动网分FEM程序，也不能正确地网分出3D模型，它会产生形状明显变形的部件(见图5.32)。FEM分析结果将是错误的，与实际情况不匹配。消除这类潜在风险源需要设计师具备FEM分析和应用知识。

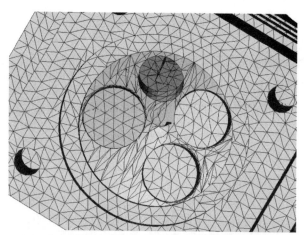

图5.32 变形的气缸头设计部件，成为潜在风险源

很显然，CAD系统用户/设计师面临巨大的潜在风险源。设计师常常被要求密切关注风险隐患，这会导致他们忽视本职工作，即制造设计产品的核心原则。为了减少这些潜在风险源，必须在CAD系统中直接实施风险控制方法，这是解决产品安全与质量隐患必不可少的，其形式是使用CAD系统的并行程序包，并在产品开发的所有阶段加以应用。

5.7 材料流中的风险管理

在复杂的物流程序中，现代的材料流设计程序要求将风险管理体系与建立安全的材料流结合在一起。

指令89/391/EC是关于引入措施鼓励提高员工安全与健康的指令,它规定企业承担实施工作场所风险分析的义务,并将同样内容通报给员工。法规还定义了职业安全卫生的基本原则,即设计师、项目工程师和机械设备用户负责评估风险。

现代材料流设计的发展趋势是追求有目的的系统性方法。质量、安全与可靠性是材料流体系设计阶段的关键输入参数,让客户满意是使用材料流最重要的参数之一,它要求制造商建立质量高、安全可靠的材料流(MF)体系。

材料流中的机械设备系统设计,必须在按照技术文件规定的要求开展运行、设置与维护作业时,不对人和财产构成威胁。实施措施的目的,是在机械设备技术寿命期内,包括装配和拆解环节,甚至在未按技术要求情况下运行时,能够降低或消除各种不利事件发生的风险。

提高安全水平,从而将材料流风险最小化的措施经常受(运输机械)各个部件的可靠性影响。按风险评估或计算的形式开展风险定量评估,可接受的风险水平由各个机器与设备类型的可接受值来确定。评估材料流的安全等级需要跨学科的方法。正确定义故障或不利事件发生的可能性,将其与可能导致的结果进行评估非常重要。另外,考虑人-机-环境体系中各种不利事件的原因及其结果(位置、时间、相关人员、结果持续时间等)也非常关键。为了进行风险(尤其是不利事件发生的可能性)评估,应使用恰当的统计方法。

当进行风险评估程序开发时,可以定义实施给定活动达到的目标。处理程序本身的安全隐患已经成为材料流的组成部分,在评估处理程序的风险时,应集中在以下几个方面:职业(工作);工作场所;复杂的材料流。

5.7.1 若干职业的风险评估

在评估复杂材料流的安全隐患时,职业风险评估主要是对技术设备操作人员(如起重机操作人员、维护人员)的工作活动进行风险评估,它假设这种工作是持续而重复性的,并且与单独定义的工作场所(起重机驾驶舱)联系在一起,或者在与日常工作场所类似的环境中进行(比如维护人员在不同类型的起重机中从事类似的活动)。

企业必须尊重员工的需求,根据欧盟指令89/391/EC进行风险评估。这种评估的前提是:假设员工使用的所有机械设备或工具,它们的风险等级早已为设计者和制造商固定下来了,机械设备供应商已将潜在安全风险告知了用户,而用户也有能力识别残留风险。此时,为了评估机械设备的隐性威胁,作为企业风险管理的组成部分,必须考虑人-机-环境界面出现的情况。表5.4提供了一张使用情况一览表,该方法完全符合指令89/391/EC的要求。风险最小化措施的建议被纳入到随后的活动中,并用单独的表单进行说明。该方法被选中,是因为这是由一个以识别并评估风险为目标的专家组实施的。随后,风险最小化措施被纳入特别的标准与建议中,措施的实施一般由另一组专家来完成。

表5.4 情况一览表实例

工厂:			页码:	
工序:			日期:	
职业:			完成人:	
危 险	威 胁	威胁类型 (例如按EN STN ISO 12100.1和2的定义)		特定威胁类型的相关法规与标准

识别与职业或工作活动有关的潜在威胁,对于任何工作场所(机器、设备)都是重要的。复杂材料流领域的职业风险评估另一典型特征是评估某些法规的有效性,即准确理解从事某类活动所涉及到的所有法规,例如工作与安全法规。就此而言,在进行职业风险评估时,可以对照法规要求,评估职业范围内的风险等级,检查这些活动是否符合法规要求。图5.33为在移动式起重机上从事具体作业的操作人员的风险评估。

图5.33 作业风险评估

在不同类型机械设备上实施单一任务时(如起重机维护人员),可以评估维护人员从事作业活动时的潜在威胁。评估目标应该是维护作业中必须实施的所有工序,而无需考虑起重机的类型。这是因为不同类型起重机的维护工序基本相同,职业风险评估具有普遍性。实际上,按照特定规范实施的评估过程是耗费时日的。本方法的典型应用领域包括工程与制造技术的材料流,以及气体工业范围内的材料流,即在多人从事相同工作的领域(见图5.34)。

5.7.2 工作场所风险评估

如果在工作场所从事各种活动,应用本方法可以确保材料流的正常运转,因而可确保机器或复杂设备安稳运行。假设很多活动都集中在单一工作场所，则次要工作必须服从主要工作。例如起重机行业，起吊运行肯定是主要工作，其他工作(如起重机维护)就是次要的，这些工作必须支持主要工作。不同于员工是有效元素的上述两种方法，本方法仅仅将员工作为系统的一部分，也就是说，在工作场所，工作特点决定了实施特殊活动所要求的任务级别。在材料流规划阶段，确保机械设备无故障运行成为首选目标，当员工作为人–机–环境系统的组成部分时，必须紧紧围绕首选目标进行风险评估，见图5.35。

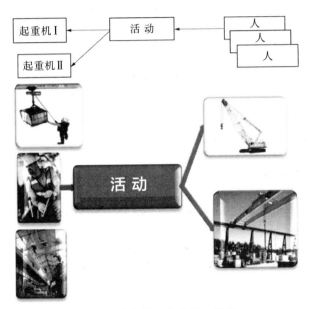

图5.34 多名员工完成单一任务

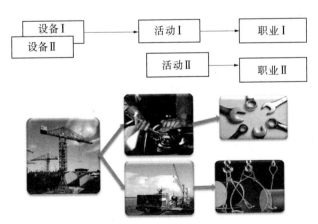

图5.35 工作场所风险分析

5.7.3 小结

可以选择的风险评估方法有多种，最终的取舍还要看所要实现的目标要求。如果是由职业安全卫生专家、被评估环节的专家以及员工代表组成的团队来实施，则每一种方法都可以获得有效的评估结果。必须认识到，所有的评估目的都是为了形成风险最小化的环境。如果在材料流规划设计阶段就引入风险评估，那么评估结果必须有助于设计师提前制定风险最小化措施。如果此举不可行或成本较高，则必须在技术说明书或用户手册中严格注明材料流系统中各类运输设备和处理设备的潜在风险。与此同时，在各类设备运行时，必须制定相应的风险最小化措施。

参考文献

'Einige Überlegungen zur Risikoanalyse während des Kranbetriebes', in Der Kran und sein Umfeld in Industrie und Logistik: 19. Internationale Kranfachtagung Magdeburg, ILM, 2011, pp. 119–125, ISBN 13:978-3-930385-74-4.

'Manažérstvo rizika ako predpoklad pre voľbu stratégie údržby', in National Maintenance Forum. Žilina: NMC, 2000, pp. 102–105, ISBN 8085655152.

Miskolcer Gespräche. Die neueste Ergebnisse auf den Gebiet Fördertechnik und Logistik, Miskolc, September 2003, pp. 1–5, Tagungsband ISBN 963 661 595 0.

Pačaiová, H., and Sinay, J. 'Integrovaná bezpečnosť strojov: Jej prínos v údržbe' (Integrated safety of equipment: Its contribution in the maintenance), in ÚDRŽBA 2004. Praha: Česká zemědělská univerzita v Praze, 2004, pp. 173–177, ISBN 8021312114.

Pačaiová, H., Sinay, J., and Glatz, J. Bezpečnosť a riziká technických systémov, edited by SjF TUKE Košice, Vienala Košice 2009, ISBN 978-80-553-0180-8-60-30-10.

Sinay, J., and Balažiková, M. 'Acoustic risk management', in Human Factors and Ergonomics in Manufacturing 20, no. 4, pp. 329–339, John Wiley & Sons, Inc. Malden, USA, 2011, ISSN 1520-6564.

Sinay, J., and Cahajlová, M. 'Metodika riadenia rizika hluku', New Trends in Occupational Health and Safety Management and Technical Systems Safety. Košice: TU-SjF, 2002, p. 5, ISSN 1335-2393.

Sinay, J., and Cahajlová, M. 'Riziká v dôsledku akustického tlaku v podmienkach strojárskej praxe' (Risk due to acoustic pressure in the conditions of mechanical engineering practice), in DOKSEM 2002. Žilina: Žilinská univerzita, 2002, pp. 13–18.

Sinay, J., Ferenčíková, A., and Vargová, S. 'Checklist pre bezpečnostný riadiaci systém petrochemického podniku zaradeného do kategórie B podľa zákona 261/2002 Z.z. o prevencii závažných priemyselných havárií', in Topical Issues of Work Safety: 22nd International Conference: Štrbské Pleso-Vysoké Tatry, 18–20 November 2009. Košice: TU, 2009, pp. 1–5, ISBN 978-80-553-0220-1.

Sinay, J., and Laboš, J. 'CAD-Techniky a ich riziká pri konštruovaní strojov I', Strojárstvo, March 2000, pp. 13–15, ISSN 1335-2938.

Sinay, J., and Laboš, J. 'Možnosti integrácie požiadaviek kvality a bezpečnosti do procesu konštruovania', in Collection of Abstracts at 26th International Transport and Handling Departments Seminar, STU Bratislava, 2000, pp. 94–101, ISBN 8022713759.

Sinay, J., and Laboš, J. 'Možnosti integrácie požiadaviek bezpečnosti do etapy vývoja a konštrukcie strojov', in Topical Issues of Work Safety. Bratislava: VVÚBP, 2000, pp. 49–58.

Sinay, J., and Laboš, J. 'Integrovanie metód riadenia rizika do procesov konštruovania stroja' (Integrating of risk control methods into machine construction process), in Equipment Quality and Reliability. Nitra: SPU, 2000, pp. 93–96, ISBN 8071377201.

Sinay, J., and Laboš, J. 'Analýza rizík aplikácie CAD systémov ako súčasť bezpečného konštruovania I', Strojárstvo, August 2001, pp. 32–33, ISSN 1335-2938.

Sinay, J., and Laboš, J. 'Analýza rizík aplikácie CAD systémov ako súčasť bezpečného konštruovania II', Strojárstvo, September 2001, pp. 80–81, ISSN 1335-2938.

Sinay, J., and Laboš, J. 'Analýza rizík aplikácie CAD systémov ako súčasť bezpečného konštruovania III', Strojárstvo, October 2001, pp. 52–53, ISSN 1335-2938.

Sinay, J., and Laboš, J. 'The risk analysis of the application of the CAD systems as a part of safety construction', International Conference Micro CAD 2001, University in Miskolc/Hungary, pp. 89–94, ISBN 963 661 457 1 (963 661 468 7).

Sinay, J., and Laboš, J. 'Application of knowledge-based systems in risk analysis of CAD systems', 8th International Conference on Human Aspects of Advanced Manufacturing, Roma, National Research Council of Italy, 2003, pp. 571–575, ISBN 88-85059-14-7.

Sinay, J., Majer, I., and Hoeborn, G. 'Risk in mechatronics systems', XVIII. World Congress on Safety and Health at Work, June 29–July 2, 2008, Seoul Korea, Sektion 26. Sicherheit von High-Tech Kontrollsystemen übernehmen die Führung bei der Sicherheit am Arbeitsplatz.

Sinay, J., Malindžák, D., Pačaiová, H., and Malindžák, D. Logistics principles application in MIA (Major industrial accident) prevention. Miskolcer Geschpräche, 2003, Miskok, Hungaria, 2003, pp. 1–5, ISBN 963-66159-5-0.

Sinay, J., Oravec, M., and Majer, I. 'Beurteilung des Risikos im Mensch–Maschine–Umwelt', System International Conference Globalna Varnost Collection of Abstracts, ZVD Ljubljana, Bled, Slovenia, June 2000, pp. 19–27, ISBN 961-90350-7-0.

Sinay, J., Oravec, M., and Pačaiová, H. 'Údržba: Prostriedok pre ovládanie a znižovanie rizika', Conference: Operational Reliability of Production Equipment in Chemical and Food Industries, Slovnaft a.s. Vlčie hrdlo Bratislava, October 1997, p. 10.

Sinay, J., and Pačaiová, H. 'Logistika a riziká spojené s jej realizáciou v praxi', Conference: Transport, Material Handling, Logistic systems, Dum techniky Ostrava s.r.o., 1997, pp. 47–52.

Sinay, J., and Pačaiová, H. 'Logistika a rizikové faktory', Conference: Transport and Handling in Logistics, Výstavisko TMM, Trenčín, 1998, pp. 7–13.

Sinay, J., and Pačaiová, H. 'Sicherheitskriterien in der Etappe des Projektes von Materialflussysteme', International Conference Miskolcer Gespräche 2001, University in Miskolc, pp. 1–7, ISBN 963 661 493 8.

Sinay, J., and Pačaiová, H. 'Analyse und Bestimmung der Risiken im Hubwerk eines Brückenkranes 10', Internationale Fachtagung 2002 Kranautomatisierung, Kompenente, Sicherheit im Einsatz, Magdeburg,

IFSL Otto-von Guericke Unuiversität Magdeburg, Reihe III: Tagungsberichte Nr. 16, June 2002, pp. 31–43, ISBN 3-9303385-37-6.

Sinay, J., and Pačaiová, H. 'Úlohy a ciele manažmentu rizika a manažmentu údržby', in National Maintenance Forum 2002. Žilina: ŽU, 2002, pp. 32–37.

Sinay, J., and Pačaiová, H. 'Risikoorientierte Instandhaltungsstrategie', TÜ Bd. 44 (2003) Nr. 9, VDI – Verlag Düsseldorf, September 2003, pp. 41–43, ISSN 1434-9728.

Sinay, J., Pačaiová, H., and Kopas, M. 'Maintenance and risks during maintenance operation 1', International Conference on Occupational Risk Prevention, ORP 2000, Tenerife (Canary Isles), Spain, February 2000, ISBN 84-699-1242-9, CD.

Sinay, J., and Šviderová, K. 'Neue Risiken auf Grund aktueller demografischer Entwicklungen', in Forum Prävention 2011, 9–-12 Mai 2011, Kongresszentrum Hofburg, Wien—AUVA, 2011, pp. 1–6.

Sinay, J., Šviderova, K., and Tompoš, A. 'Vplyv zraku na bezpečnosť a ochranu zdravia pri práci', in Conference: Occupational Health and Safety 2010, VŠB-TU Ostrava, MPaSV ČR, May 2010, pp .251–261, ISBN 978-80-248-2207-5.

第6章 风险管理在安保系统中的应用

当前,市场对复杂的机械系统以及某些特种机器、设备和工具等提出了很高的标准要求。从更广泛的意义上看,这些目标对象的基本特征包含在表6.1所列的内容中。使用的基本准则如下:为了预防故障或事故(伤害),必须立即识别潜在的风险,并启动相应的防范措施。

表6.1 技术与工艺设备特征

项 目	说明
功能	按照要求的质量完成规定的任务
满足交付期限	能立即交付产品,或按要求的时间期限交付产品
效 率	有效的生产以及后续的设备运行
长寿命	足够长时间的安全运行
环境保护	在生产、运行和再评估过程中不存在违法的环境污染现象
职业安全卫生(安全)	建立安全的工作环境和/或技术
技术设备安全(安全)	安全的机器设计、机械系统以及复杂的技术与工艺设备
民事安全(保护)	人们日常生活所需的安全环境
运 输	以有限的成本安全地将设备运送到目的地
能 力	操作人员利用运行工具的技能
维 护	保持维护过程中的安全,同时使用安全的备件和材料

在职业安全卫生(OHS)、技术设备安全和民事安全领域,实施有效的风险最小化措施,必须熟悉人–机–环境体系中技术设备的实际状况。在设备运行过程中,必须通过收集设备运行数据来确定其实际技术状况。

6.1 人:安全分析的目标

在人–机–环境体系中(图6.1),人的因素在安保管理中起着关键性作用。安全体系处理的是非计划活动的影响结果,很多情况下都是处理最终产品中人的错误,即处理的是人的因素。在保护系统中可以使用"有危险的人"一词,目标是厘清发生不利事件的因果关系,从而尽可能地避免二次损失。

在管理体系中,安全与保护相互重叠,因此整体评估最终目标(人–机–环境体系中的所有元素)中的人为因素非常重要。以消防队的活动为例,消防队员的作用是消除火灾的影响,这属于保护范畴。但从事消防活动时,为了避免健康受到威胁，必须保护好消防队员，使他们能安全地执行任务(安全)。忽视消防员的职业安全卫生会造成无法执行保护措施的后果，因此就无法保证其他人员的安全。在作业活动期间，降低保护体系的心理压力非常重要，这些压力缘于活动的性质，例如抢救人的生命。这时，消防队员对工作环境安全条件的要求也会降低，如对救灾现场的安全卫生条件就不会在意。

图6.1 人–机–环境体系

为了提高活动的执行效率并最大可能降低风险，可以使用以下方法：①在活动执行人准备阶段(保护范围内)，进行充分有效的培训，直至达到自动的例行程序。②开发有助于将人为错误降至最低的硬件与软件，从而在执行任务时，不再考虑人为因素的影响。

对安全与保护两个系统而言，将损失降至最低都建立在共同的基础之上。两种情况都包括寻找机会、途径和方法，割裂发生不利事件的因果关系。各个国家的科研工作必须吸纳这些程序，尤其是在保护领域和国际研究合作领域。保护领域已经被纳入优先科研项目范畴，例如欧盟2007~2013年第7框架协议下的项目，突出了这一研究领域的重要性，这已经成为欧盟主要的关注领域。

一台机器或设备的安全与可靠性必须得到系统性的监控和检查，必须以割裂故障、事故和伤害的因果关系为前提，建立最小化不利事件的环境或条件，也就是将风险降至最低。技术设备操作人员必须熟悉操作规程，熟练掌握辅助工具，现场必须配备足够的运行装置，从而保证机器和设备的安全运行。确保机器或设备安全、可靠的有效手段之一，是将维护技术及技术诊断的过程集合在一起，并作为整体预案的组成部分。

根据给定的事实，应用有效维护措施，建立机械系统、技术和设备在其寿命期内安全可靠运行的环境，即持续应用有效措施，确保将技术和人为风险降至最低。这就需要一种方法，能在事故发生前进行分析和预判。现代的有效维护方法具有跨学科的特点，很大程度上还包括现代技术诊断方法。技术诊断也称"诊断"，即评估目标对象的实际状况。技术诊断的关注点在目标对象上，例如机械系统、复杂的工艺和各个机械设备。

技术诊断专家的大部分注意力都集中在发生故障、事故和伤害的预防领域，从人和技术安全以及经济的角度来看，这属于最有效的行为。建立环境风险最小化(降低故障、事故和伤害的频率及影响)的方法，包括在各种工业活动中应用技术诊断法，这也是最有效的预防手段。

用户掌握技术设备的实际运行状况，就可以与生产商给定的运行特征进行对比。这时的重点是能够立即采取各种措施，确保设备按照用户希望的方式运行。如果技术对象出现故障，则机器操作人员的健康，或故障影响范围内的其他人员的健康都会处于危险境地。也就是说，此种情况破坏了职业安全卫生管理(安全)以及民事安全(保护)的基本原则。

在设备运行期间，为了评估其实际运行状况，必须收集相关表征数据，即必须使用与最新的试验测量法相一致的技术诊断法。此外，对测量的数据进行验证和处理时，除去与被监控目标不相干的细枝末节非常重要。

6.2 安全与保护的定义说明

6.2.1 安全(职业安全卫生以及技术系统安全)

安全(safety)一词源自法语"sauf"，是"没有伤害"的意思，它的重点是确保安全的状态，是消除了人–机–环境体系中所有风险的状态，其中人的因素和技术对象是关注点。

所谓"安全的"，是指一组形式上相互联系的措施，将物理、社会、财务、机械、化学、心理和其他类型的风险(风险=潜在威胁或伤害)降至最低，从而形成风险预防体系，目的在于保护环境中的人和物。

例1：飞行安全，其中包括消除生成的风险，或将这种风险降至最低的各项措施。飞行中的风险包括飞行员作出的错误决定、仪表板上安全装置故障，或地勤人员导航失误等。在飞机控制系统内应用冗余系统，是有效降低此类故障的措施之一。

例2：发电厂的发电过程，必须遵守严格的法规要求，消除电力生产环节的所有风险,应在规划阶段以及设计和初始运行阶段遵守室内安全的基本原则。

例3: 在设备的设计环节,必须确保信息与通信技术能控制、监视设备运行状况,并使设备保持风险最小化运行。简言之,信息与通信技术必须成为辅助设备安全运行的工具。

6.2.2 保护(公民保护: 民事保护)

"保护"是指不使人和物遭受破坏性影响的措施、形式和方法体系。这些破坏性影响大部分是人为因素导致的,人总是有意无意的影响目标物、材料和环境,其结果是造成损失或伤害。民事安全还包括将重大工业事故或严重威胁第三方的不利事件造成的风险降至最低,例如能量输送介质(天然气管线、输油管线、电力输送系统等)的故障。

在自然灾害面前,有的灾害利用现有技术方法不能有效控制,如地震、洪水、火山爆发等,最终造成重大人员和财产损失。

例1: 民用航空保护,其中包括保护航空运输不受针对设备、机场以及人员(例如飞机劫持威胁带来的机场安检和行李检查等)的人为蓄意性破坏。

例2: 在规划核电厂的过程中,必须考虑到人为蓄意性破坏因素,比如恐怖袭击事件。

例3: 人为蓄意破坏信息和通信技术,可能导致重大损害,因此在设计环节就要确保它们不被误用,并使其满足技术环境的要求。

6.3 安全与保护应用技术诊断方法的共同点

安全与保护领域在很多方面相互重合且彼此影响,继而形成人的生命、健康与财产保护的综合体系(见图6.2)。安全和保护的共同点包括:

① 它们作用的目标对象必须是安全的,因此也必须是被保护的,主体主要是人,首先是确保影响范围之内的人员的安全,其次是实现影响范围之外的人员的保护。

② 生效的空间范围,具体来说,每个企业都是国家的一部分,是人–机–环境体系中的环境部分,受国家法规的约束。

③ 预防,必须在一定时间和地点对目标物实施保护措施,从而使危险与威胁阶段的风险降至最低,此种手段即为预防。

从广义上看,保护是以预防原则为基础的,由于在技术设备或复杂的工艺范围外发生的事故或伤害,有可能是技术系统故障造成的,因此职业安全卫生、技术系统(安全)和民事(保护)等领域经常使用相同的诊断方法,及时识别出发生故障、事故或伤害的概率。这样就可以利用技术诊断法,找出有可能进一步造成技术设备崩溃的潜在故障,例如核反应堆及其部件、天然气泵站故障,或天然气管线故障等。安全领域的措施主要包括设备与人身保护的方法与手段,它们进一步将技术装置以外人员和财产受到的潜在伤害降至最低。

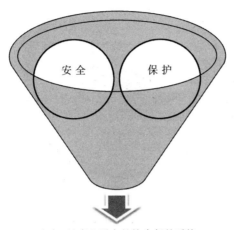

生命、健康和财产的综合保护系统

图6.2 安全与保护的一体化模型

类似的方法也适用于生产、加工、包装环节,也同样适用于某些必须接触化学物质的环节。必须将那些具有危险特征的物质纳入危险化学品目录,严格规定它的接触范围,制作使用和保管说明。例如,核电领域某些放射性物质,对人体具有极高的危害性,必须将其归入危险化学品目录。

6.3.1 实例: 核电厂

核电厂必须满足严格的法规和技术要求,尤其是安全和可靠性要求。这不只是某个国家关注的问题,它已经成为一个国际性问题。由此,我们可以认为,技术诊断法是核电厂安全系统不可分割的组成部分。可以通过两种不同的方式理解技术诊断法。

诊断技术一方面提供系统诊断的方法,例如用于确定核反应堆中冷却媒介输入/输出温度的复合型温度传感器,就是一类用于诊断的装置;另一方面,在核电厂,诊断方法还包括探测器(如德尔格探测器),用于探测每名职工可能接触到的空气中放射性物质的浓度。一旦浓度超标,探测器能及时发出警告,因此代表了一种特定的诊断方法,用于判断周围人员受到的潜在威胁。以上两种诊断方法在实践中往往同时使用,可以说明特定环境中诊断系统使用了冗余特征,从而提高了安全等级(见图6.3)。

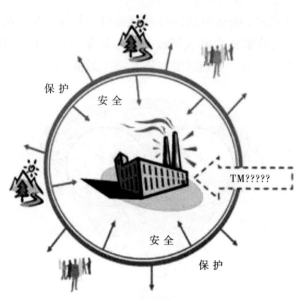

图6.3 安全与保护系统

从以上说明可以看出，使用技术诊断法时，安全和保护两大领域相互联系，它们不仅保护职业安全卫生领域或技术安全领域的人员(即处于工作环境中的人员)，还保护工作环境以外的人员，这样的方法组成了复杂的保护体系，它需要进一步提高和发展，从而将复杂的风险降至最低。

参考文献

Sinay, J. 'Niektoré poznámky k vzájomnému vzťahu Safety a Security', Conference Occupational Health and Safety 2010, VŠB-TU Ostrava, MPaSV CR, May 2010, pp. 244–250, ISBN 978-80-248-2207-5.

Sinay, J. 'Safety and Security in SR: Bezpečnosť pri práci a ochrana občana—synergie
a presadenie do praxe', 23rd International Conference, Topical Issues of Work Safety and International Symposium, Prevention in the EU 27- Focus SMEs, ISSA,International Social Security Association, Národný inšpektorát práce and Technická univerzita in Košice. September 29–October 1, 2010, Košice, 2010, pp. 89–94, ISBN 978-80-553-0481-6.

Sinay, J. 'Údržba a riziká—ich vzájomná interakcia v podmienkach Safety a Security', in Top Managers Summit on Maintenance in Risk Management, Conference Seminar, Liblice, April 13– 14, 2011, Prague: Česká spoločnost pro údržbu, 2011, pp. 27–36, ISBN 978-80-213-2172-4.

Sinay, J. 'Technická diagnostika a riziká—ich vzájomná interakcia podmienkach "safety" a "security",' in Central European Maintenance Forum 2011: 11th International Conference: Collection of Lectures: May 31, 2011–June 1, 2011, Vysoké Tatry, Štrbské Pleso. Žilina: ŽU, 2011, pp. 64–71.

Sinay, J. 'Security research and safety aspects in Slovakia', in European Perspectives on Security Research.

Berlin, Heidelberg: Springer, 2011, pp. 81–89, ISBN 978-3-642-18218-1, ISSN 1861-9924.

Sinay, J., and Vargová, S.'Technická diagnostika a riziká, ich vzájomná súvislosť v podmienkach Safety a Security', 30th International Conference DIAGO 2011, ATD of the Czech Republic and Technická univerzita VŠB Ostrava, February 1–2, 2011, Rožňov pod Radhošťom/CR CD, ISSN 1210-311X.

第7章 风险管理的教育与培训

安全第一,愿伤害为零。这在当今社会生活的各个领域都是绝对优先的观念。

职业安全卫生管理或风险管理包括遵循人–机–环境体系安全这一共同目标的全部活动。过去,专家的主流观点认为,职业安全卫生首先与工程领域有关;现在,实验和技术发展证明,人的作用不可替代,但无论如何人–机体系依然适用。环境管理体系的目标之一是将环境风险降至最低,最终将其消除——所有方法都包括在风险管理系统中。

我们可以将风险管理理解成致力于保证人–机–环境体系安全的多个领域的总和。因此,我们可以推断出风险管理属于安全科学的范畴,而不久前专家还认为安全技术仅仅属于工程科学。自动化技术预计会被不可抗拒地应用于大多数工程领域;但技术发展清楚地证明,在众多领域中,人的作用都不可替代。我们也必须认识到,人–机–环境体系会越来越重视人和环境的影响。另一方面,无论怎样区分,机器与人都被认为是环境风险的来源。

传统形式的职业安全卫生源自一种假设,即它是一小组专家以管理为名开展的特别任务。其中一些主要任务包括响应职业安全卫生领域的问题、响应发生的伤害和事故,同时确保每一个人都遵守有约束性的法规。当前的劳动力市场变化迅速,在责任的取得和转移中起着关键性作用,这需要不断应用新的职业安全卫生管理形式和方法,因此必须关注包括职业安全卫生领域在内的管理系统对这些方法变化的影响。

管理人员和职业安全卫生管理专家不仅要了解职业安全卫生领域的最新做法,还要在其工作中以身作则实现这些目标。他们的任务是避免整体考虑,同时通过提供信息、交流、教学以及详尽的检查,实施职业安全卫生法规。为了实施这些活动,重要的是积极听取同事的意见、循序渐进地开展研究,还要为不同管理权限的工作人员提供培训教育。

尽管现代工业社会的风险是一个多参数的函数,但是当前的传统学科和研究领域似乎无法完全覆盖风险管理的主题。职业安全卫生领域的专家不仅应具备安全工程师的知识和技能,还应该具备电气工程师、物理学家、化学家、心理学家、社会学家、医生,甚至是其他领域专家的知识、经验和技能。但是很显然,单凭一个人的力量是不可能获取、评估并成功运用如此大量的信息数据的。因此，需要合格的职业安全卫生专家具有与众不同的能力，能够接受、整理并优先考虑最新信息，为团队合作创造便利环境。这些受当前欧盟法规的约束，例如指令391/89/EC或42/2006/EC，都明确规定需要在产品或生产工艺中融入安全要素。

风险分析所用指令如下：

① 指令391/89/EC：是以"运行"为中心的工作场所风险评估工具，同时考虑人体工程学、心理学、教育和培训等主要领域——绩效技术(HPT)。

② 指令42/2006/EC(原392/89/EC)：是将机器与设备的风险降至最低，确保其安全可靠的一类工具。

实施风险管理措施的具体要求取决于所分析体系的复杂程度。这些体系由一体化管理系统(IMS)的中央处理单元联系在一起，并进行控制(见第3章)。机器与机械系统不仅拥有各种性能，还通过目前工艺水平较高的不同技术装置来展现。

开发人员、制造人员和绘图人员的一般预防规则，可以说明如下：

① 消除危险以及其中的风险。

② 风险评估，尤其是运行设备、材料、物质和《指南》的选择及使用过程中存在的风险。

③ 实施针对危险源处理的法规。

④ 与单独的保护措施相反，倾向于使用共同保护措施。

⑤ 根据员工的技能与技术水平调整任务。

⑥ 观察人的能力、特征和发展潜力，特别在工作场所设计、工作设备选择与指导，或制造过程中的能力、特征和发展潜力，从而消除或降低工作中有害因素对员工健康的影响。

就此而言，必须关注借助新信息、检测方法和诊断技术识别危险和威胁的新方法。根据风险理论(见第4章)，有效的方法显然是在工作场所规划阶段或在产品设计阶段进行危险识别。可以通过模拟技术，即3D或者虚拟技术实施此方法。这些技术为风险识别提供了帮助，这样就有可能按照当前有效法律法规的要求，将剩余风险隐患告知技术或产品的最终用户。在产品开发中，利用新技术，专家可以开发新的风险管理方法，量化产品的剩余风险，同时预测风险程度，并将其降至最低。某件产品剩余风险值的大小与技术有关，更是满足现代法规要求的必然举措。

7.1 制造工艺的变化及其对职业安全卫生教育的要求

技术创新和劳动力全球化带来了工作性质、工作环境以及社会人口统计结构的变化，这给职业安全卫生带来了很大挑战。如果只有积极、健康的员工才是一家有竞争力、同时还能保持并产生新岗位的企业的基本要求，那么按照这种假设，上述变化也影响到企业对新员工教育形式的变化。

经济发达国家的人口结构变化带来了劳动力老龄化以及因此产生的新型风险，这也是资历较深的员工所特有的(见第5章)。企业和教育机构(例如大学院校)必须考虑这种发展趋势并相应调整教育体系，包括学习计划的大纲、教育模块的长度、教育形式等。

工作环境的变化对员工及其资质提出了新的要求，还对教育形式以及教育过程的实际内容提出了新要求。这要受以下事实制约：

① 劳动力市场已实现人种、民族多元化，跨国公司使用相同的风险管理方法，工作场所普遍存在多种语言交流，职业安全和教育培训面临沟通障碍。

② 信息技术的利用日益增加，现在员工必须证明其信息技术技能，这需要逻辑思维、抽象思维、分析思维和假设思维，并且按照计划的方式思考。数学知识也非常重要。因此，必须在各个教育阶段增加信息技术内容。

③ 必须不断提高专业能力和社会能力，教育培训以及知识拓展(尤其是不同形式的终身学习计划)已经成为个人和企业增加投入的主要领域。

④ 商业框架的变化以及工作场所的分散化，对员工的独立性、创造性、自我激励和责任，以及沟通、合作甚至团队协作精神的要求愈发凸显。在很多情况下，员工的社会能力以及能够在团队中和谐工作的能力比专业知识更重要。

⑤ 工作对地点和时间的依赖性正在弱化，这要求企业对员工的管理更加灵活机动。

⑥ 人口正在老龄化，各个年龄组员工之间的关系也在发生变化，员工的平均年龄在增加。

在职业安全卫生领域，上述趋势以及它们在各自领域的特点，对安全领域专家的专业素质与技能提出了更高要求。在最近发表的专业文献中，详细考查了这些问题，我们可以认为：现代职业安全卫生管理专家必须具有很高的素质，工作时能够利用不同领域的信息。第一印象是，这个人必须是掌握各种领域知识的多面手。

7.2 职业安全卫生的新原则

工作形式和组织架构的变化产生新的职业安全卫生规则，要求应用新的预防方法，健康、积极、合理、公平地安排员工工作，大体可以确保质量一流的最终产品与服务。

有效地应用新知识(例如研发成果)，可以使现代化的复杂工程体系和相关制造工艺成为一个不断发展的过程。当然，过程本身也会造成新的威胁(例如新的化学物质，使用放射性材料等)，这就要求专家的知识和管理水平与时俱进。此外，它还促使国家和国际层面的法规不断发展。市场全球化要求企业必须考虑所在国的综合法律环境(例如欧盟及其成员国)。此外，市场全球化还增加了对持续学习、不断补充新信息的需求。国际劳工组织(ILO)2001年5月发布的职业安全卫生管理体系建议，包括了一些新的方法元素，可以认为是一个比较合适的例子。对于各类职业安全卫生领域的专家来说，有必要参加远程教育课程，熟悉此类内容。职业安全卫生专家应尽快获得、掌握并应用这些信息。

上文提到的职业安全卫生领域新技术发展趋势以及多领域特点，对安全领域专家的专业素质和能力提出了新要求。有些企业将职业安全卫生框架内的预防方法纳入到企业准则和质量管理体系中。他们已经认识到，员工的满足感和积极性都是重要的商业因素与经济因素，是企业的优势所在。安全文化是所有管理人员共同提供的，而不只是某个员工的个人行为。

由于劳动力市场和制造技术的不断变化，所从事的工作负荷也在改变，同时产生新的风险隐患。工作导致的身体压力正变得不太重要，而精神压力反而不断增加。员工要为自己的安全卫生负责。因此，为了处理批评并承担责任，同时还要自我激励、有效工作，员工必须能消减身体压力和精神负担。相比于承受身体压力的能力，需要大幅提高个人的精神承受能力。一些特殊员工群体的精神负担显著增加，例如拥有高级资质的人群。这一变化也给企业的员工教育培训工作提出了新要求，培训大纲应包括心理学、社会学、沟通交流等方面的内容。

企业和员工个人都把健康摆在更加重要的位置，员工希望保持健康，并且不想总是受到工作环境的威胁；而企业往往将员工的健康看成其绩效的基本要素。

在商业过程中，必须充分考虑工作场所的职业安全卫生以及人体工程学法则。如果提前在设计和开发阶段认真考虑这些要求，则提供的技术和产品就不需要改进，这样可以节省大把的时间和金钱。生产商、供应商和进口商有责任向市场提供安全、设计合理、符合人体工效的机器和设备。同时，还要向用户告知残留的风险，和产品安全使用的方法。作为技术设备安全的咨询机构，技术管理部门以及职业安全检查人员，应该支持国家发布各种职业安全卫生法律和规章。政府的研究与咨询机构，应该提供职业安全卫生管理和技术服务。

7.3 职业安全卫生教育

教育的关注点必须是应用最新的IT方法和测量诊断技术，确保开展风险识别。我们可以使用不同的3D模拟，例如虚拟现实技术。这些工具可以帮助设计和开发人员在设计阶段通过计算机屏幕开展风险识别，有助于量化机器运行以及复杂的机械体系。科学家的关注点应该是开发不同于量化风险的新方法，从而形成定义残留风险或可接受风险的新技术。

以欧洲劳动力市场为例，在2007年欧盟委员会布鲁塞尔特别首脑会议上，当前的全球化劳动力市场战略教育任务被定义为"一般教育和专业教育是教育-科研-创新体系知识三角良好运行的基础条件，有助于经济增长和扩大就业。最近12个月的事实见证了实施'一般教育与专业教育2010'项目的实质进展。成员国决定继续改革，同时彻底实施工作项目，目标首先是升级大学教育，旨在提供优秀的、有吸引力的专业教育，同时在国家层面实施终身教育战略。"

2008年，在韩国首尔召开的第17届世界大会也极为关注员工职业安全卫生教育："企业必须与其员工探讨职业安全卫生问题，力争培育各自的教育环境。"

当前，是什么制约了职业安全卫生和技术系统安全专家的培训体系和形式？首先，这是根据现代工作安排、工作过程、劳动力绩效分析定义的法则。不断变化的新形势对安全领域的专家教育寄予了很高期望，这些教育内容遵循以下几点：

① 新工艺的进步、新技术的发展以及由此带来的新风险。为了能成功管理这些风险，未来的专家必须获得有效的教育和培训，还要参加实践课程，做到融会贯通。当然，接受教育的还应该包括机器设计人员、工作场所设计人员，有时也包括用户。然而，专家不具备相关的运行环境信息，这是一个难题。此外，制造商提供的信息往往未得到实践的检验。

② 机器与机械系统的安全以及工作场所的安全，目前没有系统性整合(可能只是部分)到学习计划中，尤其是在技术院校。风险最小化的法规常常被认为是需要资金，而且还降低工作效率的举措。因此，目标必须是某种一体化的方法，这样在实际研究过程中，或者在终身学习计划中，有关问题可以在工程计划大纲中列出，在实践中解决。这些主题的目标在于视角更广泛的风险管理领域。有效地实现它们，就构成一体化管理体系——质量、安全和环境的组成部分，或者也可将其应用在当前多元化的通用管理体系中。必须将一系列想法集中在确保最终产品的质量和制造工艺的生产效率方面，这需要在设计和开发阶段构思完整预案，并得到法规支持。

③ 当前，"教育空间全球化"，这为执行共同研究计划创造了条件。"安全无边界"这句话是这一事实的基础。因此，比较有益的方法，是与教育机构以及有国外实践经验的合作方商讨教育形式与内容，最终制定出一体化的教育模块，从

而得到安全领域的新知识，并熟悉通常做法。此举还有助于选择科学事实(形成的理论和结论)与实践经验相结合的教育内容，从而培养出驾驭复杂安全问题的专家。

④ 为了确保机器和机械系统生产的质量和安全，我们认为活动的第一步是建立一个信息数据库，让大学或其他教育机构成为网络成员。有企业代表参加的工作会议将针对具体教育模块的内容进行讨论，最终形成可用于大学教育的知识体系。换言之，大学提供的教育必须与当前的社会发展相适应。

所有职业安全领域的发展既对学校也对学员提出了越来越高的要求。现在，终生学习成了应对劳动力市场变化的重要手段，这意味着大学本科生或研究生同样需要学习安全课程。职业安全卫生专家必须拥有解决问题的专业能力。同样，在企业的所有活动中，必须使所有员工意识到安全预防的重要性，如此一来，企业的安全文化就得到了保证。

职业安全卫生专家的能力必须源自他的专业知识。只有这样，他才能与其他专家合作。企业的生产经营活动可以划分为若干阶段，每个阶段都需要职业安全卫生专家的介入。这些阶段包括规划设计阶段、采购阶段、设计合适的技术与物流阶段、选择合适的材料阶段、生产阶段、试验阶段以及选择维护方法阶段。

当然，企业的各个生产阶段都有不同的专业工程师来负责，安全专家不可能具备所有的知识，也无需如此。对安全领域的专家来说，最重要的是拥有风险分析方面的知识，能够应用若干风险管理的系统方法，将风险降至最低甚至消除。当前对不同领域专家提出的要求，是将本领域的新知识(也包括新的安全法规)尽快纳入教育体系，尤其是信息技术、机电一体化技术、系统化技术、环境技术和风险管理技术等。

在全球化背景下，一家企业可以在多国开设分支机构，再考虑到IT技术的发展与普及，这不仅意味着技术、标准的趋同，而且在国际化团队的参与下，更有助于问题的解决。在不远的将来，我们可以看到更加广泛的国际合作。但必须考虑以下情况：

① 生产设备重新配置在全世界不同的国家。

② 劳动力市场全球化，没有边界，安全伤害与国籍无关联。

③ 全球安全领域的法律、法规和指令正在融入到个体生命中。

④ 建立一个统一的安全文化基础环境。

⑤ 遵守一些边界条件，如企业的语言和书面文字。

⑥ 提供不考虑文化差异的单一沟通方式。

⑦ 开展国际化趋势下的企业研究。

未来,可以通过大学教育或终身学习,完成职业安全卫生以及技术系统安全的专家教育,例如通过下面两种模式:

① 按本科生和研究生水平分类的专业研究项目,工作标题为"技术体系安全与职业安全卫生"(见图7.1)。

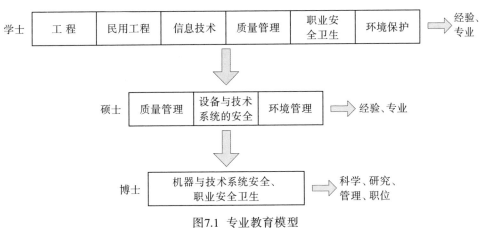

图7.1 专业教育模型

② 通过研究生阶段学习,同时制定以技术(或自然科学)为主的终身学习项目(见图7.2)。

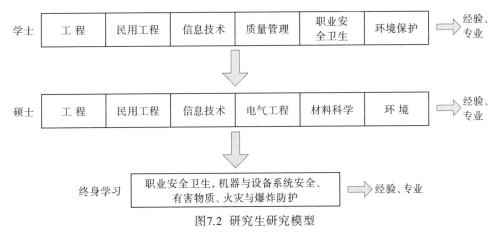

图7.2 研究生研究模型

在现代社会,任何产品或技术的安全都是最优先考量的目标。这些研究计划的关键是使用传统工程研究领域的知识和经验,确保诸如机械工程、生产技术、建筑、采掘冶金和电气工程等技术的安全。

新风险是因为劳动力市场的全球化和新技术发展带来的。对新的国际化劳动力市场提出的要求受欧盟法律与各成员国法规的一体化制约。这为研究领域与大学教育机构合作提供了条件。为了使这一过程更加有效，欧盟发布了项目资助清单。得到欧盟资助的这些项目有利于教育领域相关机构之间建立网络。首先，项目集中于在企业内建立单一"欧洲式的"安全文化环境。

从职业安全卫生的角度来看，最近对最终产品和生产过程提出的新要求越来越多，而且范围非常广泛。1992年，科希策大学机械工程学院质量与安全系成立了独立的教育和科研部门，这个机构的主要任务是提供一个学习过程，分别针对毕业生的基础研究和专业研究，其中也加入了各种形式的终身学习计划。目前，它的主要活动是在与环境科学直接有关的技术系统安全、职业安全以及生产质量领域培养有大学背景的工程师。科希策大学环境科学和工业管理系为这一独立机构开展的教育项目和环境科学研究提供了各种便利。

7.4 小结

职业安全卫生管理体系的新方法要求每个人都应意识到，无论是在工作场所还是在日常生活中，风险总是与你在一起。企业必须承担风险识别的责任，并采取措施将其消除或最小化，同时还要告知员工各种潜在的残留风险。

为了履行这些职责，职业安全卫生管理领域的高管和专家必须了解该领域的发展趋势，并在其职业生涯中以身作则。他们的任务是在信息、交流、培训和充分监管下，保证职业安全卫生的实施，并遵守职业安全卫生法规。可以确信，他们会结合职业安全卫生管理的基本原则，并且愿意聆听同事的意见。为了开展这些活动，他们绝对有必要向所有员工提供教育培训。

劳动力市场的全球化、新机器和技术的发展、新风险的出现、工作环境的变化、不同国家趋同的法规，都为合作创造了机遇，风险管理成为跨越国界的教育和研究项目的组成部分。通过国际合作，有利于形成共同教育计划和不同类型研究项目。共同教育计划有助于传播每一个人都熟悉的风险管理知识，形成趋同的风险管理环境，而无需考虑国家的差异。同时，本着下述说明的精神，它们有助于在欧盟内部建立更为同质的安全文化，且不失去本国的特色文化：

使用昨天的方法和前天的知识，不可能实施今天的现代化管理。

参考文献

Sinay, J., 'Projekt post diplomového vzdelávania inšpektorov a expertov pre bezpečnosť a ochranu zdravia pri práci v rámci programu Európskej únie', Conference: Current Issues of Occupational Safety, Occupational

Safety Institute of Research and Education, Bratislava, November 1999.

Sinay, J., 'Die Rolle von Wissenschaft und Lehre beim Risikomanagement', Konferenz 2000, Zukunft—Arbeit—Prevāntion, IVSS Sektion Maschinen- und Systemsicherheit, SUVA Luzern, Switzerland, May 2000, pp. 224–242.

Sinay, J., 'Znalosti BOZP: Neodmysliteľná súčasť manažérskych zručnosti', XX Conference of Current OHS Issues, Starý Smokovec, 2007.

Sinay, J., 'Sicherheitsforschung und Sicherheitskulturen', Transnationales Netzwerk-Symposium, Bergische Universität Wuppertal, NSR, 29–30 October 2008.

Sinay, J., 'Anforderungen an eine moderne', Arbeitsschutztag Sachsen-Anhalt 2010, Landesarbeitskreis für Arbeistsicherheit und Gesundheitsschutz in Sachsen Anhalt. Otto von Guericke Universität Magdeburg/ SRN, 2010.

Sinay, J., and Bartlová, I., 'Zmeny výrobných technológií a z nich vyplývajúce požiadavky na vzdelávanie pre bezpečnosť a ochranu zdravia pri práci', in Bezpečnost a ochrana zdraví při práci, 2011, sborník přednášek, 11, ročník mezinárodní konference, Ostrava, 10. květen 2011, Ostrava: VŠB - TU, 2011, pp. 177–183, ISBN 978-80-248-2424-6.